U0167972

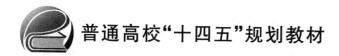
普通高校"十四五"规划教材

单片机原理及应用
——基于 STC8G 系列

屈召贵　编著

北京航空航天大学出版社

内 容 简 介

本书以 8051 内核的增强型 STC8G 系列单片机为主要内容,全面剖析单片机的工作原理和片上模块的应用。全书共 13 章,内容包括单片机基础知识、单片机应用开发与仿真工具、C51 程序设计、通用 I/O 接口、中断、定时/计数器、串行接口、A/D 转换、PWM 模块、PCA 模块、同步串行外设接口 SPI、I²C 总线和单片机应用系统综合设计。各章知识点按照功能、工作原理、电路结构、实践应用、习题训练的逻辑编排。书中列举大量的应用实例进行剖析、设计、制作调试和测试。每章提供源程序和仿真电路,章后附有习题以帮助学习。

本书可作为高等院校电子信息工程、电气工程及自动化、通信工程、物联网工程、计算机科学与技术等专业的单片机课程教材,也可作为相关科技开发人员的参考资料。

图书在版编目(CIP)数据

单片机原理及应用:基于 STC8G 系列 / 屈召贵编著
. -- 北京 : 北京航空航天大学出版社,2023.3
ISBN 978 - 7 - 5124 - 4050 - 0

Ⅰ. ①单… Ⅱ. ①屈… Ⅲ. ①微控制器—系统设计
Ⅳ. ①TP368.1

中国国家版本馆 CIP 数据核字(2023)第 028941 号

单片机原理及应用——基于 STC8G 系列
屈召贵　编著
策划编辑　董立娟　　责任编辑　宋淑娟

＊

北京航空航天大学出版社出版发行

北京市海淀区学院路 37 号(邮编 100191)　http://www.buaapress.com.cn
发行部电话:(010)82317024　传真:(010)82328026
读者信箱: emsbook@buaacm.com.cn　邮购电话:(010)82316936
涿州市新华印刷有限公司印装　各地书店经销

＊

开本:710×1 000　1/16　印张:16.75　字数:357 千字
2023 年 3 月第 1 版　2025 年 3 月第 2 次印刷　印数:2 001～3 000 册
ISBN 978 - 7 - 5124 - 4050 - 0　定价:59.00 元

前　言

单片机原理及应用是高等院校工科电子信息类、计算机类、自动化类、仪器仪表类等相关专业学生必修的一门重要的专业基础课,要求学生掌握单片机的工作原理和基本组成结构,培养学生运用单片机的知识对硬件和软件进行开发的能力。

随着集成电路和计算机技术的发展,单片机技术也得到了很大发展,并广泛应用于国防军事、工业控制、家用电器、仪器仪表等领域。近年来,物联网、边缘计算、人工智能等新一代信息技术促进了单片机技术的进一步发展和应用。目前,常见的单片机有基于8051内核的单片机、ARM内核的单片机、MIPS内核的单片机、RISC－V内核的单片机等。由于Intel公司的8051内核单片机是最早设计出来的单片机,在中国有近40年的应用史和高校授课史,有大量的经典电路和程序,从而降低了初学者的门槛,提高了开发效率。特别是许多半导体公司都设计了基于8051内核的各具特色的单片机,如我国宏晶科技的STC系列单片机。基于此,本书以宏晶科技公司最新增强型8051内核的STC8G系列单片机为主要内容,全面讲述其内核体系的结构和外设应用。

本书按照工程教育OBE理念深入浅出地讲述STC8G系列单片机的内核结构、编程语言、片上外设模块应用,在内容上力求精简、快速上手,书中大量实例来自科研实践。全书共分13章,其中第1章讲述单片机的基础知识,第2章讲述单片机应用开发工具,第3章讲述C51语言及程序设计,第4～12章分别讲述STC8G系列单片机的通用I/O接口、中断、定时/计数器、串行接口、A/D转换、PWM模块、PCA模块、同步串行外设接口SPI,以及I^2C总线的功能、原理、结构及应用开发,第13章讲述单片机应用系统综合设计。每章按教学目标、教学内容、本章小结、本章习题顺序编排,并在学银在线平台存有在线学习资料。为了配合教学,本书配备了教学课件、Protues仿真文件和实验开发装置电子文件。

因编者水平所限,难免有不尽如人意之处,敬请读者提出宝贵意见和建议,邮箱地址是:Email:qzgui@163.com。

编　者

2022 年 11 月

目　　录

第1章　单片机基础知识

教学目标

【知识】

(1) 掌握数制与转换,二进制、十进制、十六进制数的表示及相互转换;数值编码,原码、反码和补码的数值表示;计算机中常用的 BCD 编码和 ASCII 码。

(2) 了解单片机的定义、应用和常用的单片机分类。

(3) 建立并深刻理解 8051 内核单片机的组成结构,以及 STC8G 系列单片机的内部结构。

(4) 深刻理解单片机 CPU 的工作原理和存储器的作用。

(5) 学习并掌握 STC8G 系列单片机的时钟、复位和电源管理。

【能力】

(1) 理解数值在计算机中的表示,具备应用数制相互转换的能力。

(2) 了解常用单片机的特点,具备查询和选用单片机的能力。

(3) 具备对给定单片机的工作原理进行分析的能力。

(4) 具备设置 STC8G 单片机的系统时钟以及进行低功耗管理和软件复位的能力。

(5) 具备创建 STC8G 单片机最小系统的能力。

1.1　计算机中的数制和信息编码

在计算机中,一切信息,包括图像、声音、数字、数据等均是采用二进制形式进行表示、处理和存储的。本节主要介绍常用的数制、数制间的转换和信息编码。

1.1.1　数制与转换

数制是用一组固定的数字和一套统一的规则来表示数目的方法。在计算机中使用的是二进制数,而人们习惯使用的是十进制数,为了书写和表示方便,还引入了十六进制数。

1. 数 制

任何进制数均由基数和权构成。基数指各种进位计数制中允许选用基本数码的个数。如十进制基本数码有 0~9 共 10 个;二进制基本数码有 0、1 共 2 个;十六进制基本数码有 0~9 和 A~F 共 16 个。权指每个数码所表示的数值等于该数码乘以一个与数码所在位置相关的权值,如 238.12 可表示为

$$238.12 = 2 \times 10^2 + 3 \times 10^1 + 8 \times 10^0 + 1 \times 10^{-1} + 2 \times 10^{-2}$$

计算机应用中常用的几种计数制如表 1.1 所列。

表 1.1 常用的几种计数制

计数制	二进制	十进制	十六进制
规 则	逢二进一	逢十进一	逢十六进一
基 数	2	10	16
基本符号	0、1	0、1、2、3、4、5、6、7、8、9	0、1、2、3、4、5、6、7、8、9、A、B、C、D、E、F
权	2^i	10^i	16^i
角标表示	B	D	H

2. 数制转换

(1) r 进制数转换为十进制数

把任意 r 进制数转换为十进制数的方法是将各位数按权展开后,各位数码乘以各自的权值并累加,即可得到对应的十进制数。

如将二进制数 1011.01 转换为十进制数的过程为

$$(1011.01)_B = 1 \times 2^3 + 0 \times 2^2 + 1 \times 2^1 + 1 \times 2^0 + 0 \times 2^{-1} + 1 \times 2^{-2} = (11.25)_D$$

如将十六进制数 1F3D 转换为十进制数的过程为

$$(1F3D)_H = 1 \times 16^3 + 15 \times 16^2 + 3 \times 16^1 + 13 \times 16^0 = (7\ 997)_D$$

(2) 十进制数转换为 r 进制数

当将十进制数转换为 r 进制数时,将十进制数分成整数和小数两部分分别转换,再拼接起来即可。

整数部分:采用除以 r 取余法,即将十进制整数不断除以 r 取余数,直到商为 0,余数从右到左排列,首次取得的余数在最右侧。

小数部分:采用乘以 r 取整法,即将十进制数小数不断乘以 r 取整数,直到小数部分为 0 或达到所求的精度为止,所得的整数从小数点自左往右排列,取有效精度,首次取得的整数在最左侧。

例如,将十进制数 101.46 转换为二进制数的转换过程如下:

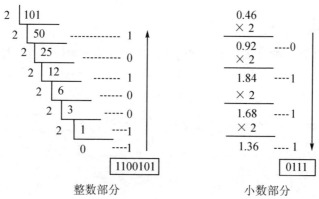

整数部分　　　　　　　　　　小数部分

转换结果为　　　　　　　　　$(1100101.0111)_B$

例如,将十进制数$(38\,947)_D$转换为十六进制数的转换过程如下:

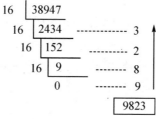

转换结果为　　　　　　　　　$(9823)_H$

(3) 二进制数转换为十六进制数

将二进制数从右(最低位)向左每 4 位为 1 组分组,若最后一组不足 4 位,则在其左边添加 0,凑成 4 位,每组用 1 位十六进制数表示。如:

$$(1111111000111)_B \rightarrow (0001\ 1111\ 1100\ 0111)_B = (1FC7)_H$$

(4) 十六进制数转换为二进制数

只需用 4 位二进制数代替 1 位十六进制数即可。如:

$$(3AB9)_H = (0011\ 1010\ 1011\ 1001)_B$$

1.1.2　数值编码

计算机中的数值计算分为整数和浮点数。数值在计算机中以 0 和 1 的二进制形式存放,每个数据占据内存的字节整数倍。由于只有 0 和 1 两种形式,因此为了表示数的正和负,就要将数的符号以 0 和 1 编码,通常把一个数的最高位定义为符号位,用 0 表示正,用 1 表示负,称为数符,其余位表示数值。

数值在计算机内采用符号数字化后,计算机就可识别和表示数符了。但若将符号位同时与数值一起参加运算,有时会产生错误;否则,就要考虑计算结果的符号问题,从而增加计算机实现的难度。为了解决此类问题,引入了原码、反码和补码的概念,其实质是对负数的表示采用不同的编码。

1. 原　码

原码指其数符位的 0 表示正，1 表示负；其数值部分就是数值本身。例如：

$$[+1]_原=00000001, \quad [-1]_原=10000001$$
$$[+127]_原=01111111, \quad [-127]_原=11111111$$

原码的特点是编码简单，与真值转换方便。但在进行运算时，原码的符号位需要单独处理；同时 0 有两种表示形式，即 $[+0]_原=00000000$ 和 $[-0]_原=1000000$，因此给机器判断带来了麻烦。

2. 反　码

反码指对于正数，与原码相同；对于负数，其数符位为 1，数值位则按位取反。例如：

$$[+1]_反=00000001, \quad [-1]_反=11111110$$
$$[+127]_反=01111111, \quad [-127]_反=10000000$$

在反码表示中，0 也有两种表示形式，即 $[+0]_反=00000000$，$[-0]_反=11111111$。因此反码运算也不便于计算机处理。

3. 补　码

补码指对于正数，与原码、反码相同；对于负数，其数符位为 1，数值位则为其反码加 1。例如：

$$[+1]_补=00000001, \quad [-1]_反=11111111$$
$$[+127]_补=01111111, \quad [-127]_反=10000001$$

在补码表示中，0 有唯一的编码，即 $[0]_补=00000000$。

补码可以较为方便地进行运算，因此计算机中采用补码表示数和进行数值运算。例如 $(-5)+4$ 的运算如下：

```
      1111 1011        -5 的补码
  +   0000 0100         4 的补码
  ─────────────
      1111 1111
```

运算结果的补码为 11111111，符号为 1，即为负数；负数的补码为反码加 1，即数值部分为 10000001，再转换为十进制数，即为 -1。

1.1.3　常用的编码

数值和文字符号是计算机中处理最多的两类信息。数值信息的表示方法如前所述。文字符号信息通常也采用二进制数码表示，这些数码并不表示数量的大小，而仅是区别不同事物而已。以一定的规则编制代码，用以表示十进制值、字母、符号等的过程称为编码,反之称为译码。单片机中常用的编码有 BCD 码和 ASCII 码。

1. BCD 码

二-十进制码就是用 4 位二进制数来表示 1 位十进制数中的 0～9 十个数码,即二进制编码的十进制码,也就是 BCD 码(Binary-Coded-Decimal)。它有 8421BCD 码、2421BCD 码、5421BCD 码和余 3 循环码。其中 8421BCD 码是最常用的一种 BCD 码,它是 4 位自然二进制数从 0000(0)到 1111(15)的 16 种组合中的前 10 种组合,即由 0000(0)～1001(9)构成,其余 6 种组合是无效的,如表 1.2 所列。

表 1.2　8421BCD 码

十进制数	8421BCD 码	十进制数	8421BCD 码
0	0000	5	0101
1	0001	6	0110
2	0010	7	0111
3	0011	8	1000
4	0100	9	1001

2. ASCII 码

计算机不仅用于处理数字,而且用于处理字母、符号等文字信息。人们通过键盘上的字母符号和数值向计算机发送数据和指令,每一个键符可用一个二进制码表示,美国标准信息交换码 ASCII(American Standard Code for Information Interchange)是目前国际上最通用的一种字符码,它是用 7 位二进制码来表示 128 个包括十进制数、英文大小写字母、控制符、运算符和特殊符号在内的字符,如表 1.3 所列,其中一些字符的含义如表 1.4 所列。

表 1.3　ASCII 编码

$b_3b_2b_1b_0$	$b_6b_5b_4$							
	000	001	010	011	100	101	110	111
0000	NUL	DLE	SP	0	@	P	`	p
0001	SOH	DC1	!	1	A	Q	a	q
0010	STX	DC2	"	2	B	R	b	r
0011	ETX	DC3	#	3	C	S	c	s
0100	EOT	DC4	$	4	D	T	d	t
0101	ENQ	NAK	%	5	E	U	e	u
0110	ACK	SYN	&	6	F	V	f	v

续表 1.3

$b_3b_2b_1b_0$	$b_6b_5b_4$							
	000	001	010	011	100	101	110	111
0111	BEL	ETB	'	7	G	W	g	w
1000	BS	CAN	(	8	H	X	h	x
1001	HT	EM	)	9	I	Y	i	y
1010	LF	SUB	*	:	J	Z	j	z
1011	VT	ESC	+	;	K	[	k	{
1100	FF	FS	,	<	L	\	l	|
1101	CR	GS	—	=	M	]	m	}
1110	SO	RS	.	>	N	ˆ	n	~
1111	SI	US	/	?	O	_	o	DEL

表 1.4　ASCII 编码中各字符的含义

字　符	含　义	字　符	含　义	字　符	含　义	字　符	含　义
NUL	空白	HT	水平列表	DC2	设备控制 2	ESC	脱离
SOH	标题开始	LF	换行	DC3	设备控制 3	FS	文件分隔符
STX	文本开始	VT	垂直列表	DC4	设备控制 4	GS	组分隔符
ETX	文本结束	FF	换页	NAK	否认	RS	记录分隔符
EOT	传输结束	CR	回车	SYN	同步空转	US	单元分隔符
ENQ	询问	SO	移出	ETB	块传输结束	SP	空格
ACK	确认	SI	移入	CAN	取消	DEL	删除
BEL	报警	DLE	数据链路换码	EM	纸尽		
BS	退一格	DC1	设备控制 1	SUB	替换		

1.2　单片机概述

1.2.1　单片机的定义

单片机 SCM(Single Chip Microcomputer)即单片微型数字电子计算机,是针对特定任务群的单芯片计算机,是具备计算机基本结构、按计算机基本工作原理运行、针对应用范围很广的测控任务群设计的超大规模数字(或数字/模拟混合)电路集成芯片。

单片机在基本结构上与通用计算机一样,由运算器、控制器、存储器、输入设备和输出设备五个基本部分组成。单片机的这些基本结构在技术层次、性能、规模、组成方式上与通用计算机还是有所不同。单片机按照冯·诺依曼的"程序存储"的基本工作原理运行。因此,任务的不同决定了单片机与通用计算机的重大区别。单片机与通用计算机的应用范围不同,单片机主要用于智能测控任务,针对这个特定任务群的需要,不仅在结构上做了重大简化,而且还在可靠性、成本、体积、功耗、系统构成等方面形成了区别于通用计算机的特点;在指令系统(面向控制的指令,而不是面对复杂运算),特别针对应用于硬件模块的配置上(面向测控应用的相关模块)更有适配性发展。

1.2.2　单片机的发展历程

1. 初级阶段(1971—1976 年)

1971 年 11 月 Intel 公司首先设计出集成度为 2 000 只晶体管芯片的 4 位微处理器 Intel 4004,并配有 RAM、ROM 和移位寄存器,构成了人类第一台 MCS-4 微处理器,而后又推出了 8 位微处理器 Intel 8008,其他公司也相继推出了 8 位微处理器。

2. 低性能阶段(1976—1980 年)

以 1976 年 Intel 公司推出的 MCS-48 系列为代表,采用将 8 位 CPU、8 位并行 I/O 接口、8 位定时/计数器、RAM 和 ROM 等集成于一块半导体芯片上的单片结构,虽然其寻址范围有限(不大于 4 KB),也没有串行 I/O 口,RAM、ROM 容量小,中断系统较简单,但功能可满足一般工业控制和智能化仪器、仪表等的需要。

3. 高性能阶段(1980—1983 年)

这一阶段推出的高性能 8 位单片机普遍带有串行口,有多级中断处理系统,多个 16 位定时/计数器。片内 RAM、ROM 的容量加大,且寻址范围可达 64 KB,个别片内还带有 A/D 转换接口。

4. 16 位单片机发展阶段(1983—1989 年)

1983 年 Intel 公司又推出了高性能的 16 位单片机 MCS-96 系列,由于其采用了最新的制造工艺,使得集成度高达 12 万只晶体管芯片。

5. 全面发展阶段(1990 年—现在)

单片机以集成度、功能、速度、可靠性、应用领域等全方位向更高水平发展。单片机 CPU 的字长发展到目前的 32 位,功耗达到 1 μA 以下,供电电压下限可达 1～2 V,

Flash 存储器容量达 512 MB,RAM 容量达 128 KB,单片机上可运行实时操作系统。目前,典型的有以 ARM - Cortex 为内核的单片机,如 STM32F 系列、LPC 系列、HC32 系列等;以 8051 为内核的单片机,如 AT89 系列、P8051 系列、STC8 系列等。

1.2.3 单片机的应用

由于单片机体积小,易于程序控制,很容易嵌入到特定的应用系统中,因此,广泛应用于物联网、仪器仪表、家用电器、工业控制等领域。

(1) 测控系统

用单片机可以构成各种不太复杂的工业控制系统、自适应控制系统、数据采集系统等,从而达到测量与控制的目的。

(2) 智能仪表

用单片机实现对传感器的数据进行采集、处理、传输和显示,促进仪表向数字化、智能化、多功能化、综合化、柔性化方向发展。

(3) 机电一体化产品

单片机与传统的机械产品相结合,使传统机械产品结构简化、控制智能化。

(4) 智能接口

在计算机控制系统,特别是在较大型的工业测控系统中,用单片机进行接口的控制与管理,加之单片机与主机的并行工作,大大提高了系统的运行速度。

(5) 智能民用产品

如在家用电器、玩具、游戏机、声像设备、电子秤、收银机、办公设备、厨房设备等许多产品中,单片机控制器的引入不仅使产品的功能大大增强、性能得到提高,而且获得了良好的使用效果。

(6) 汽车电子

高性能单片机可促进汽车智能化的发展和车联网技术的发展,从而改善人们的交通出行体验。

1.2.4 常用的单片机种类

1. 8051 内核单片机

20 世纪 80 年代初,美国 Intel 公司生产了一系列单片机,如 8031、8051、8751、8032、8052、8752 等,简称 MCS - 51 系列单片机,其中 8051 是最具代表性的产品,该系列的其他单片机都是在 8051 基础上进行功能的增、减和改变得来的,因此,习惯用 8051 来称呼 MCS - 51 系列单片机。

8051 内核单片机是采用超大规模集成电路技术把具有数据处理能力的中央处理器 CPU、随机存储器 RAM、只读存储器 ROM、多种 I/O 接口和中断系统、定时/计时器等功能的器件集成到一块硅片上构成一个小而完善的计算机系统。

Intel 公司通过专利转让和技术交换把 8051 内核技术授权给很多其他半导体公司，如 Atmel 公司的 AT89S 系列、Philips 公司的 P8051 系列、Cygnal 公司的 C80511F 系列、ADI 公司的 ADμC812 系列、宏晶科技公司的 STC 系列等，并相继开发了功能更多、更强大的兼容产品。

STC 系列单片机是宏晶科技研发的 8051 内核的增强型单片机，相较于传统的 8051 内核单片机，其片上资源更丰富、速度更快；它可进行直接仿真，无须专用仿真器；可进行在系统编程，无须专用编程器，从而使得单片机的开发和升级更便利。STC 单片机种类繁多，按照发布时间分，早期产品有 STC89、STC90、STC10、STC12、STC15 系列单片机，近期产品有 STC8、STC32 等系列单片机。按照工作的时钟周期分，有 $12T/6T$ 和 $1T$ 系列单片机（$12T/6T$ 表示一个机器周期可设置 12 个/6 个时钟周期，$1T$ 表示一个机器周期仅设置 1 个时钟周期）。$12T/6T$ 单片机包括 STC89、STC90 系列，$1T$ 单片机包括 STC10、STC11、STC12、STC15、STC8、STC32 系列。片上资源包括通用 I/O 接口、串口、定时器、同步串行外设接口 SPI、I^2C 总线、PCA 模块、PWM 模块、A/D 转换、DMA 等。本书以 STC8G 系列单片机为例进行讲解，该系列单片机不需要外部晶振和外部复位电路；工作速度快，在相同工作频率下，该系列单片机比传统单片机快约 12 倍。

2. ARM 内核单片机

ARM 内核是由英国 ARM 公司生产的高性能、低能耗、低成本的微型计算机内核。公司通过出售芯片技术授权，建立起新型的微处理器设计、生产和销售商业模式。ARM 内核有 ARM7 系列、ARM9 系列、ARM10 系列、ARM11 系列和 Cortex 系列。目前，最新的 Cortex 系列分为 A、R 和 M 三类。A 系列面向尖端的基于虚拟内存的操作系统和用户应用，R 系列针对实时系统，M 系列针对微控制器，旨在为各种不同的市场提供服务。在 32 位单片机应用领域里，目前 Cortex-M 的应用较为广泛，如 ST 公司的 STM32F 系列、NXP 公司的 LPC 系列。

3. 其他单片机

除 8051、ARM 内核的单片机外，具有代表性的单片机还有 Microchip 公司的 PIC 系列单片机、Atmel 公司的 AVR 系列单片机、NXP 公司的 HC 系列单片机、TI 公司的 MSP 系列单片机。

1.3 STC8G2K64S4 单片机的结构

1.3.1 STC8G2K64S4 单片机的内部结构

STC8G 系列单片机是增强型 8051 内核单片机,其内部结构如图 1.1 所示,分为内核部分和片上外设部分。内核部分由运算器、控制器、存储器(程序存储器、数据存储器)、特殊功能寄存器、时钟电路、复位电路、电源、中断系统及总线构成。片上外设部分集成了如下资源:

- 45 个通用 I/O 接口:P0.0~P0.7、P1.0~P1.7、P2.0~P2.7、P3.0~P3.7、P4.0~P4.7、P5.0~P5.4。
- 5 个定时/计数器:定时/计数器 T0~定时/计数器 T4。
- 4 个串行通信接口:串口 1~串口 4,波特率时钟源可达 $f_{OSC/4}$。
- 3 组 PCA 模块:CCP0~CCP2,可用于捕获、高速脉冲输出、PWM 和定时功能。
- 45 组 PWM:可实现带死区的控制信号,并支持外部异常检测功能。
- 同步串行外设接口 SPI:支持主机模式和从机模式以及主机/从机自动切换。
- I^2C 总线:支持主机模式和从机模式。
- MDU16:硬件 16 位乘/除法器。
- 高速 ADC:支持 10 位精度 15 通道的模/数转换,速度最快可达 50 万次/秒。
- 存储器:Flash 存储器,64 KB;SRAM 存储器,2 KB。

1.3.2 STC8G2K64S4 单片机的 CPU 结构

STC8G2K64S4 单片机是基于 8051 内核的 8 位单片机,CPU 由运算器、控制器和总线构成,如图 1.1 所示。

1. 运算器

运算器由算术逻辑运算单元(ALU)、累加器 A 和程序状态寄存器 PSW 构成,其功能是进行算术运算(加、减、乘、除)和逻辑运算(与、或、非、异或、移位、清零)。通常是两个源操作数在控制器的管理下,分别通过数据选择器或暂存器进入运算器参加运算;运算结果经总线传送到指定的目标单元;运算中的附加信息(如进位/借位、辅助进位、奇/偶位等标志位)通过专用通道自动进入程序状态寄存器 PSW 中的相应位存放。

一方面,运算器的操作对象是 8 位二进制数,所以说 ALU 是"字节运算器";另一方面,为了增强 8051 单片机的功能,特别又借助 PSW 中的进位位 CY(Carry,简

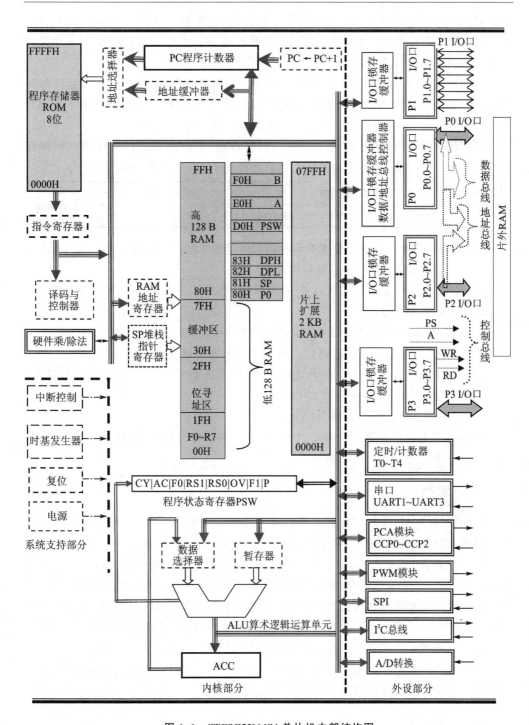

图 1.1　STC8G2K64S4 单片机内部结构图

写为 C)与运算器组合为一个"位运算器",即所谓的"布尔运算器"(布尔,bool)。CY 不是对整个字节的操作,而仅仅是对"位"的操作运算。这样一来,使 8051 单片机具有很强的对"位"的操作功能,即所谓的"位操作"功能。

累加器 A 是 8 位寄存器,是 CPU 中较为繁忙的寄存器,大多数的算术运算和逻辑运算均通过累加器 A 实现,既可作为 ALU 的输入数据源,也可作为 ALU 的运算结果的存储单元,其在特殊功能寄存器区的地址为 E0H。

程序状态寄存器 PSW 反映了程序运行过程中,通过运算之后的状态。该寄存器是一个 8 位寄存器,在特殊功能寄存器区的地址为 D0H,其各位功能如下:

寄存器	地 址	B7	B6	B5	B4	B3	B2	B1	B0
PSW	D0H	CY	AC	F0	RS1	RS0	OV	F1	P

CY:进位标志位。在执行算术运算和逻辑运算指令时,若有进位/借位,则 CY=1;否则 CY=0。在位操作时,它是累加器。

AC:辅助进位标志位。在执行加/减运算时,若低 4 位向高 4 位产生进位/借位,则 AC=1;否则 AC=0。

F0:用户标志位。该位是用户定义的一个状态标志位。

RS1、RS0:工作寄存器组选择位。可对 4 组工作寄存器组进行选择。

OV:溢出标志位。在执行算术运算指令时,用来指示运算结果是否产生溢出,如果结果产生溢出,则 OV=1;否则 OV=0。

F1:用户标志位。该位是用户定义的一个状态标志位。

P:奇偶标志位。如果累加器 A 中的逻辑"1"的个数为偶数,则 P=0;否则 P=1。该位适用于串行通信接口的数据校验。

2. 控制器

控制器的作用是指挥单片机各部件协调完成指令的执行。它由指令寄存器、指令译码器、程序计数器 PC、定时及控制逻辑电路等构成。

程序计数器 PC 是一个 16 位的自动加 1 计数器,其中总是存放着指向下一个要读取指令字节的 16 位程序存储器的存储单元的地址,并在读取完指令后自动加 1。指令读取出来后首先存放在指令寄存器中,由指令译码器对其进行译码,并进一步把指令的操作"翻译"和"分解"为单片机内的一系列"微操作",最后通过定时及控制逻辑电路统一调度单片机各部件协调工作,从而完成指令的执行。

控制器是单片机中最复杂的核心部件,它可控制单片机各部件的具体工作过程,编程人员通过编写程序的方式实现该控制过程。

3. 总线系统

总线系统是计算机特有的电连接及信息传送形式。计算机内部的各部件都以总线为公共通道实现电信号连接和信息传送。总线系统由传输线、相关接口和控制器组成。单片机内部的所有部件都通过输出接口(有高阻态选通功能)或输入接口(有缓冲隔离功能)挂接在总线上。各部件在控制器的作用下实现信息交互。

1.3.3　STC8G2K64S4 单片机的存储器结构

STC8G2K64S4 单片机存储器采用哈佛结构,将程序存储器与数据存储器分开编址。该系列单片机没有提供访问外部程序存储器的总线,其所有的程序存储器都是片上 Flash 存储器。该系列单片机内部集成了大容量的数据存储器,在物理和逻辑上分为两个地址空间:片内数据存储器区 RAM、片内扩展数据存储器区 XRAM。其中片内数据存储器区的高 128 字节的数据存储器与特殊功能寄存器(SFR)的地址重叠。

1. 程序存储器(Flash)

程序存储器的功能除了存储指令序列(即程序)外,还要存放一些程序运行所需的原始数据或表格。一个地址单元存储一个 8 位(8 b)二进制数码,在计算机中 8 位二进制数码被称为 1 字节,也即存放 1 字节。STC8G2K64S4 单片机内部集成有 64 KB 程序存储器,其地址是 0000H~FFFFH,其结构如图 1.2 所示。

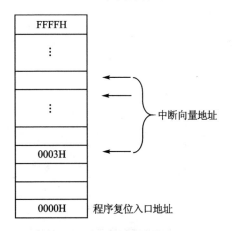

图 1.2　程序存储器结构图

单片机复位后,程序计数器 PC 的内容为 0000H,从 0000H 单元开始执行程序。

中断服务程序的入口地址(又称中断向量)位于程序存储器单元,每个中断均有一个固定的入口地址,当中断发生并得到响应后,单片机就会自动跳转到相应的中断入口地址执行中断服务程序。例如:外部中断 0 的中断入口地址为 0003H,定时/计数器 0 的中断入口地址为 000BH,外部中断 1 的中断入口地址为 0013H,定时/计数器 1 的中断入口地址为 001BH,其他中断依次,可参见中断章节。由于相邻中断入口地址的间隔区间只有 8 字节,一般情况下无法保存完整的中断服务程序,因此,可在该处存储一条跳转指令,以指向真正的中断服务程序去执行。

2. 片内数据存储器区(RAM)

片内数据存储器共计 256 字节,分为低 128 字节和高 128 字节,其结构图如图 1.3 所示。

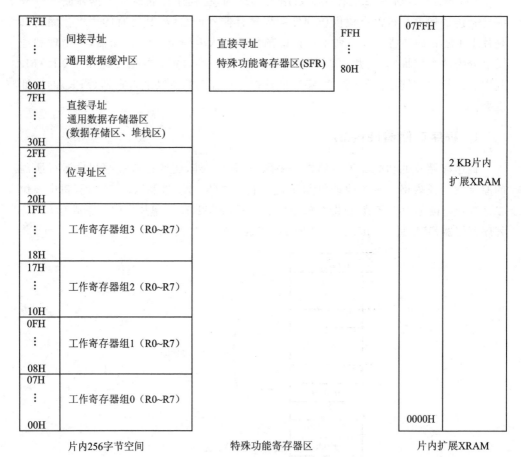

图 1.3　片内数据存储器区(RAM)结构图

(1) 片内 RAM 低 128 字节区

片内 RAM 低 128 字节区的地址为 00H～7FH,分为工作寄存器区、位寻址区和通用数据存储器区。

工作寄存器区的地址为 00H～1FH,共 32 字节单元,分为 4 组,每组称为一个寄存器组,每组包含 8 个 8 位的工作寄存器,编号均为 R0～R7,但属于不同的物理空间。通过使用工作寄存器组,可以提高运算速度。R0～R7 是常用的寄存器,之所以提供 4 组是因为 1 组往往不够用。在程序设计过程中,可通过对程序状态寄存器 PSW 中的 RS1 和 RS0 两位进行设置来选择不同的寄存器组,如表 1.5 所列。

表 1.5　工作寄存器组 R0～R7

RS1	RS0	工作寄存器组 R0～R7
0	0	第 0 组,地址:00H～07H
0	1	第 1 组,地址:08H～0FH
1	0	第 2 组,地址:10H～17H
1	1	第 3 组,地址:18H～1FH

位寻址区的地址为 20H～2FH,共 16 字节单元,这些单元除了可与普通数据存储器单元一样按字节存取外,也可对单元中的任何一位单独存取,共计 128 位,所对应位的逻辑地址为 00H～7FH。注意:位地址与字节地址是通过不同的指令进行区分的。

通用数据存储器区的地址为 30H～7FH,共计 80 字节单元。可作为通用的数据存储和堆栈操作使用。

(2) 片内 RAM 高 128 字节区

片内 RAM 高 128 字节区的地址为 80H～FFH,该区域为通用数据缓冲区,可用于程序中的一般数据存储。

(3) 特殊功能寄存器区(SFR)

8051 内核单片机的特殊功能寄存器区的地址为 80H～FFH,与片内 RAM 高 128 字节的地址相同,但在物理上是彼此独立的,使用时可通过不同的寻址方式加以区分。RAM 的高 128 字节只能间接寻址,特殊功能寄存器区只能直接寻址。STC8G2K64S4 在特殊功能寄存器区共有 109 个寄存器,这些寄存器由内核寄存器和外设寄存器构成,如表 1.6 所列。表中各寄存器的地址等于行地址加上列偏移量。可位寻址的寄存器各位可单独进行位操作,其他寄存器只能进行字节访问。

表 1.6　特殊功能寄存器表

地　址	可位寻址	字节寻址						
	+0	+1	+2	+3	+4	+5	+6	+7
F8H	—	CH	CCAP0H	CCAP1H	CCAP2H	—	PWMCFG45	RSTCFG
F0H	B	PWMST	PCA_PWM0	PCA_PWM1	PCA_PWM2	IAP_TPS	PWMCFG01	PWMCFG23
E8H	—	CL	CCAP0L	CCAP1L	CCAP2L	—	IP3H	AUXINTIF
E0H	ACC	—		DPS	DPL1	DPH1	CMPCR1	CMPCR2
D8H	CCON	CMOD	CCAPM0	CCAPM1	CCAPM2	—	ADCCFG	IP3

续表 1.6

地址	可位寻址	字节寻址							
	+0	+1	+2	+3	+4	+5	+6	+7
D0H	PSW	T4T3M	T4H	T4L	T3H	T3L	T2H	T2L
C8H	P5	P5M1	P5M0	—	—	SPSTAT	SPCTL	SPDAT
C0H	P4	WDT_CONTR	IAP_DATA	IAP_ADDRH	IAP_ADDRL	IAP_CMD	IAP_TRIG	IAP_CONTR
B8H	IP	SADEN	P_SW2	—	ADC_CONTR	ADC_RES	ADC_RESL	—
B0H	P3	P3M1	P3M0	P4M1	P4M0	IP2	IP2H	IPH
A8H	IE	SADDR	WKTCL	WKTCH	S3CON	S3BUF	TA	IE2
A0H	P2	BUS_SPEED	P_SW1	—	—	—	—	—
98H	SCON	SBUF	S2CON	S2BUF	—	IRCBAND	LIRTRIM	IRTRIM
90H	P1	P1M1	P1M0	P0M1	P0M0	P2M1	P2M0	—
88H	TCON	TMOD	TL0	TL1	TH0	TH1	AUXR	INTCLKO
80H	P0	SP	DPL	DPH	S4CON	S4BUF	—	PCON

内核寄存器的功能是协同 CPU 完成一系列的操作,这些寄存器包括 ACC、B、PSW、SP、DPTR:

- ACC:通常,若用 A 表示,则代表寄存器寻址;若用 ACC 表示,则代表直接寻址。
- B:暂存器 B 主要用于乘、除法运算,也可用作一般的寄存器。
- PSW:程序状态寄存器。
- SP:堆栈指针,始终指向栈顶。它与 PUSH、POP 指令联合使用,常用于对堆栈数据进行存取操作。
- DPTR:为 16 位寄存器,由 DPL 和 DPH 构成,用于存放 16 位地址。常用于扩展的 XRAM 存储单元进行数据操作。

外设寄存器指 STC8G2K64S4 单片机上的各应用模块的寄存器(如 I/O 接口、定时器等),这些寄存器较多,将在相关章节中讲述。

3. 片内扩展数据存储器区(XRAM)

STC8G2K64S4 单片机除了集成了 256 字节的内部 RAM 外,还集成了扩展的 XRAM,共计 2 048 字节,地址范围为 0000H～07FFH。访问内部扩展的 XRAM 的方法与传统 8051 单片机访问外部扩展 RAM 的方法相同,不影响地址总线、数据总线和控制总线上的信号。访问时需通过辅助寄存器 AUXR 中的 EXTRAM 位进行控制,该位为 0 表示可以访问,为 1 表示禁止访问。特别地,STC8G2K64S4 单片机具有访问扩展 64 KB 外部数据存储器的能力。

1.3.4　STC8G2K64S4 单片机的时钟

1. 系统时钟控制

系统时钟控制器为单片机的 CPU 和所有外设系统提供时钟源。系统时钟有 3 个时钟源可供选择:内部高精度 IRC、内部 32 kHz 的 IRC 和外部晶振。用户可通过程序分别使能或关闭各个时钟源。时钟源的结构如图 1.4 所示。

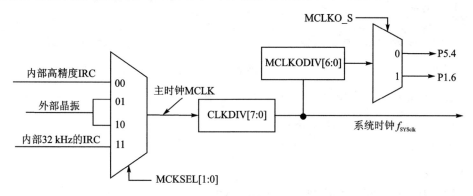

图 1.4　系统时钟源结构图

STC8G2K64S4 单片机的系统时钟需通过 CKSEL、CLKDIV、HIRCCR、XOSCCR、IRC32KCR、MCLKOCR 寄存器进行配置,这些寄存器如表 1.7 所列。

表 1.7　系统时钟相关寄存器表

寄存器	地址	B7	B6	B5	B4	B3	B2	B1	B0
CKSEL	FE00H	—						MCKSEL[1:0]	
CLKDIV	FE01H	[7:0]							
HIRCCR	FE02H	ENHIRC	—	—	—	—	—	—	HIRCST
XOSCCR	FE03H	ENXOSC	XITYPE	—	—	—	—	—	XOSCST
IRC32KCR	FE04H	ENIRC32K	—	—	—	—	—	—	IRC32KST
MCLKOCR	FE05H	MCLKO_S	MCLKODIV[6:0]						

2. 寄存器配置

(1) 时钟源选择寄存器 CKSEL

时钟源选择寄存器 CKSEL 的 MCKSEL[1:0]2 位用于配置时钟源:

- CKSEL＝00H,选择内部高精度 IRC。内部高精度 IRC 的时钟范围为 4～38 MHz,可通过寄存器进行配置。

- CKSEL=01H 或 CKSEL=02H,选择外部晶体振荡器(或外部输入时钟信号),由 P1.7 和 P1.6 口输入(或由 P1.7 口输入)。外部晶振的连接如图 1.5 所示。

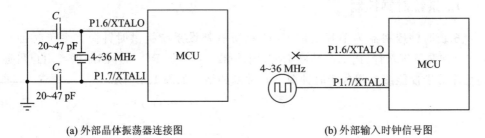

(a) 外部晶体振荡器连接图   (b) 外部输入时钟信号图

图 1.5　外部晶振连接图

- CKSEL=03H,选择内部 32 kHz 低速 IRC。

(2) 主时钟分频寄存器 CLKDIV

系统时钟 f_{SYSclk} 是对主时钟 MCLK 进行分频后的时钟信号。f_{SYSclk}＝MCLK/CLKDIV。

(3) 内部高精度 IRC 控制寄存器 HIRCCR

可对如下 2 位进行设置:

- HIRCST:内部高精度 IRC 频率稳定标志位。HIRCST=0,表示内部时钟未稳定;HIRCST=1,表示内部时钟稳定。
- ENHIRC:内部高精度 IRC 使能位。ENHIRC=0,表示关闭内部高精度 IRC;ENHIRC=1,表示使能内部高精度 IRC。

(4) 外部晶体振荡器控制寄存器 XOSCCR

可对如下 3 位进行设置:

- XOSCST:外部晶体振荡器频率稳定标志位。XOSCST＝0,表示外部时钟未稳定;XOSCST＝1,表示外部时钟稳定。
- XITYPE:外部时钟源类型设置位。XITYPE=0,表示外部时钟源为外部时钟信号(由 P1.7 口输入);XITYPE=1,表示外部时钟源为晶体振荡器(由 XTALI(P1.7)和 XTALO(P1.6)口输入)。
- ENXOSC:外部晶体振荡器使能位。ENXOSC=0,表示关闭外部晶体振荡器;ENXOSC=1,表示使能外部晶体振荡器。

(5) 内部 32 kHz 低速 IRC 控制寄存器 IRC32KCR

可对如下 2 位进行设置:

- IRC32KST:内部晶体振荡器频率稳定标志位。IRC32KST=0,表示内部时钟未稳定;IRC32KST＝1,表示内部时钟稳定。

- ENIRC32K：内部 32 kHz 低速 IRC 使能位。ENIRC32K＝0，表示关闭内部
  32 kHz 低速晶振；ENIRC32K＝1，表示使能内部 32 kHz 低速晶振。

（6）主时钟输出控制寄存器 MCLKOCR

主时钟的输出可通过 MCLKOCR 寄存器进一步分频。分频值由 MCLKODIV[6：0]
决定，依次为 0～127 分频。MCLKO_S 位用于选择系统时钟输出：

- MCLKO_S：系统时钟输出引脚选择。MCLKO_S＝0，表示从 P5.4 口输出；
  MCLKO_S＝1，表示从 P1.6 口输出。

例如，要求系统时钟 f_{SYSclk} 为 3 MHz。首先可通过下载软件 STC-ISP 设置主时
钟为 24 MHz，如图 1.6 所示；然后通过程序设置 CLKDIV 寄存器为 8 分频，即可完
成所需系统时钟的设置。

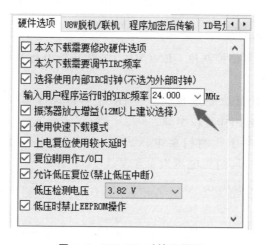

图 1.6　STC-ISP 时钟设置图

C 语言程序设置如下：

```
CKSEL = 0x00;          //选择内部 IRC
CLKDIV = 0x08;         //时钟 8 分频
```

1.3.5　STC8G2K64S4 单片机的系统复位

STC8G 系列单片机的复位分为硬件复位和软件复位两种。

1. 硬件复位

硬件复位时，所有寄存器的值都会复位到初始值，系统会重新读取所有的硬件选
项。同时，根据硬件选择所设置的上电等待时间进行上电等待。硬件复位主要包括：
上电复位、复位引脚复位、低电压复位、看门狗复位。

(1) 上电复位

当电源电压低于掉电/上电复位检测门槛电压
1.7 V 时,单片机的所有内部电路都会复位。

(2) 复位引脚复位

STC8G 系列单片机的复位引脚 RST 与 P5.4 口
共用,低电平引起复位。常用的复位电路如图 1.7 所
示。当使用复位引脚复位时,需要将复位寄存器
RSTCFG 的 P54RST 位设置为"1"来实现。

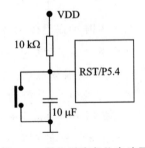

图 1.7 复位引脚复位电路图

寄存器 RSTCFG 的各位功能如下:

寄存器	地　址	B7	B6	B5	B4	B3	B2	B1	B0
RSTCFG	C1H	—	ENLVR	—	P54RST	—	—	LVDS[1:0]	

ENLVR:低电压复位控制位。ENLVR=0,禁止低电压复位;ENLVR=1,使能
低电压复位。

P54RST:RST 引脚功能选择位。P54RST=0,RST 引脚用作普通 I/O 口;
P54RST=1,RST 引脚用作复位引脚。

LVDS[1:0]:低电压检测门槛电压设置位。LVDS[1:0]=00,门槛电压为
1.0 V;LVDS[1:0]=01,门槛电压为 1.4 V;LVDS[1:0]=10,门槛电压为 1.7 V;
LVDS[1:0]=11,门槛电压为 3.0 V。

(3) 低电压复位

当电源电压低于设置的门槛电压时,引起单片机复位。门槛电压可通过对复位
寄存器 RSTCFG 的 LVDS[1:0] 位进行设置。

(4) 看门狗复位

在工业控制/汽车电子/航空航天等需要高可靠性的系统中,为了防止系统在异
常情况下受到干扰,使单片机程序跑飞,导致系统工作异常,通常引进看门狗复位功
能。如果单片机未在规定时间内按照要求访问看门狗,即认为单片机处于异常状态,
看门狗就会强制复位,单片机从头开始执行用户程序。STC8G 系列单片机的看门狗
复位是通过 WDT_CONTR 寄存器来实现控制的,该寄存器的各位功能如下:

寄存器	地　址	B7	B6	B5	B4	B3	B2	B1	B0
WDT_CONTR	FFH	WDT_FLAG	—	EN_WDT	CLR_WDT	IDL_WDT	WDT_PS[2:0]		

WDT_FLAG:看门狗溢出标志。当看门狗发生溢出时,硬件自动将此位置 1,需
要软件清零。

EN_WDT:看门狗使能位。EN_WDT=0,禁止看门狗;EN_WDT=1,使能看
门狗。

CLR_WDT:看门狗定时器清零。CLR_WDT=0,无影响;CLR_WDT=1,清零看门狗定时器。

IDL_WDT:IDLE 模式下的看门狗控制位。IDL_WDT=0,在 IDLE 模式下看门狗停止计数;IDL_WDT=1,在 IDLE 模式下看门狗继续计数。

WDT_PS[2:0]:看门狗定时器时钟分频系数,如表1.8 所列。

表1.8 看门狗定时器时钟分频系数表

WDT_PS[2:0]	分频系数	12 MHz 主频的溢出时间/ms	20 MHz 主频的溢出时间/ms
000	1	≈65.5	≈39.3
001	2	≈131	≈78.6
010	4	≈262	≈157
011	8	≈524	≈315
100	16	≈1.05	≈629
101	32	≈1.10	≈1.26
110	64	≈4.20	≈1.52
111	128	≈8.39	≈5.03

看门狗溢出时间计算公式如下:

$$看门狗溢出时间 = 12 \times 32\,768 \times 2^{\mathrm{WDT\_PS}+1} / f_{\mathrm{SYSclk}}$$

例如,要设置1 s 的看门狗,则在程序初始化时设置 WDT_CONTR=0x24。在循环程序中,每间隔一段时间就置位一次看门狗定时器的清零标志位,始终不让定时器计满复位;若程序跑飞,则可能不会清零,从而产生看门狗复位。C 语言程序如下:

```c
# include "STC8G.h"
void main()
{
    WDT_CONTR = 0x24;          //使能看门狗,溢出时间约为1 s
    P32 = 0;                   //测试端口
    while (1)
    {
        WDT_CONTR = 0x34;      //清看门狗,否则系统复位
    }
}
```

2. 软件复位

软件复位是通过设置寄存器 IAP_CONTR 中的 SWRST 位来触发复位。软件复位时,除了与时钟相关的寄存器的值保持不变外,其余所有寄存器的值都会复位到初始值。软件复位寄存器 IAP_CONTR 的各位功能如下:

寄存器	地址	B7	B6	B5	B4	B3	B2	B1	B0
IAP_CONTR	C7H	IAPEN	SWBS	SWRST	CM_FAIL			—	

SWBS:软件复位启动选择位。SWBS＝0,表示软件复位后从用户程序区开始执行代码,用户数据区的数据保持不变;SWBS＝1,表示软件复位后从系统 ISP 区开始执行代码,用户数据区的数据会被初始化。

SWRST:软件复位触发位。SWRST＝0,无影响;SWRST＝1,触发软件复位。

1.3.6 STC8G2K64S4 单片机的电源管理

STC8G 系列单片机可工作于全速运行模式、低功耗运行模式和空闲运行模式三种电源运行管理模式。全速运行模式指单片机上的所有资源均正常工作;低功耗运行模式指 CPU 及全部外设均停止工作;空闲运行模式指 CPU 停止工作,其他外设正常工作。除了全速运行模式外,其他模式均能降低单片机的功耗而达到节能的目的。

1. 电源控制寄存器 PCON

在应用系统中,可通过对电源控制寄存器 PCON 进行配置来管理电源,其各位功能如下:

寄存器	地 址	B7	B6	B5	B4	B3	B2	B1	B0
PCON	87H	SMOD	SMOD0	LVDF	POF	GF1	GF0	PD	IDL

LVDF:低电压检测标志位。当系统检测到低电压事件时,该位置 1,可申请中断,此位需用户清零。

POF:上电复位标志位。上电复位后,硬件自动将此位置 1。

PD:低功耗运行模式控制位。PD＝0,其他模式;PD＝1,低功耗运行模式,唤醒后,由硬件自动清零。

IDL:空闲运行模式控制位。IDL＝0,其他模式;IDL＝1,空闲运行模式,唤醒后,由硬件自动清零。

2. 唤醒定时器

当 STC8G 系列单片机进入低功耗或空闲运行模式后,可通过外部中断、定时器中断、串口中断、PCA 中断、I²C 中断、比较器中断、低电压检测中断和唤醒定时器来唤醒。其中唤醒定时器的唤醒方式是:当唤醒定时器所设置的定时值与内部 32 kHz 时钟的计数值相等时,单片机被唤醒,程序从单片机进入低功耗或空闲运行模式时的下一条语句开始执行。

唤醒定时器是一个 15 位计数器,寄存器 WKTCL 和 WKTCH 用于对唤醒定时

器进行设置,其各位功能如下:

寄存器	地　址	B7	B6	B5	B4	B3	B2	B1	B0
WKTCL	AAH	[7:0]							
WKTCH	ABH	WKTEN	[14:8]						

WKTEN:唤醒定时器的使能控制位。WKTEN＝0,停用唤醒定时器;WKTEN＝1,启用唤醒定时器。

WKTCH[14:8]和WKTCL[7:0]:构成15位计数值。其唤醒时间如下:

$$唤醒时间=[10^6\times16\times(WKTCH[14:8],WKTCL[7:0])]/f_{wt}$$

其中,f_{wt}是唤醒定时器的时钟频率,约为32 kHz,用户可通过读RAM区地址为F8H和F9H的内容(F8H存放频率的高字节,F9H存放低字节)来获取内部掉电唤醒专用定时器出厂时所记录的时钟频率。

1.4　STC8G2K64S4 最小系统电路

STC8G2K64S4单片机为LQFP48封装形式,有45个通用I/O引脚,1个电源端(15引脚),1个接地端(17引脚),1个模拟参考电源端(16引脚),各引脚功能如表1.9所列。

表1.9　STC8G2K64S4单片机引脚功能表

引　脚	功能1	功能2	功能3	功能4	功能5	功能6	功能7
1	P5.3	PWM53	TxD4_2				
2	P0.5	PWM05	AD5	ADC13	T3CLKO		
3	P0.6	PWM06	AD6	ADC14	T4	PWMFLT2	
4	P0.7	PWM07	AD7	T4CLKO	PWMFLT3		
5	P1.0	PWM10	ADC0	CCP1	RxD2		
6	P1.1	PWM11	ADC1	CCP0	TxD2		
7	P4.7	PWM47	TxD2_2				
8	P1.2	PWM12	ADC2	ECI	SS	T2	
9	P1.3	PWM13	ADC3	MOSI	T2CLKO		
10	P1.4	PWM14	ADC4	MISO	I2CSDA		
11	P1.5	PWM15	ADC5	SCLK	I2CSCL		
12	P1.6	PWM16	ADC6	RxD_3	MCLKO_2	XTALO	
13	P1.7	PWM17	ADC7	TxD_3	XTALI		
14	P5.4	PWM54	RST	MCLKO	SS_3		

引　脚	功能 1	功能 2	功能 3	功能 4	功能 5	功能 6	功能 7
15	Vcc	AVcc					
16	ADC_VRef+						
17	Gnd	AGnd					
18	P4.0	PWM40	MOSI_3				
19	P3.0	PWM30	RxD	INT4			
20	P3.1	PWM31	TxD				
21	P3.2	PWM32	INT0	SCLK_4	I2CSCL_4		
22	P3.3	PWM33	INT1	MISO_4	I2CSDA_4		
23	P3.4	PWM34	T0	T1CLKO	ECI_2	MOSI_4	CMPO
24	P5.0	PWM50	RxD3_2				
25	P5.1	PWM51	TxD3_2				
26	P3.5	PWM35	T1	T0CLKO	SS_4	CCP0_2	PWMFLT
27	P3.6	PWM36	INT2	RxD_2	CMP−	CCP1_2	
28	P3.7	PWM37	INT3	TxD_2	CMP+	CCP2_2	CCP2
29	P4.1	PWM41	MISO_3	CMPO_2			
30	P4.2	PWM42	WR				
31	P4.3	PWM43	SCLK_3	RxD_4			
32	P4.4	PWM44	RD	TxD_4			
33	P2.0	PWM20	A8				
34	P2.1	PWM21	A9				
35	P2.2	PWM22	A10	SS_2			
36	P2.3	PWM23	A11	MOSI_2			
37	P2.4	PWM24	A12	ECI_3	I2CSDA_2	MISO_2	
38	P2.5	PWM25	A13	CCP0_3	I2CSCL_2	SCLK_2	
39	P2.6	PWM26	A14	CCP1_3			
40	P2.7	PWM27	A15	CCP2_3			
41	P4.5	PWM45	ALE				
42	P4.6	PWM46	RxD2_2				
43	P0.0	PWM00	ADC8	AD0	RxD3		
44	P0.1	PWM01	ADC9	AD1	TxD3		
45	P0.2	PWM02	ADC10	AD2	RxD4		

引　脚	功能 1	功能 2	功能 3	功能 4	功能 5	功能 6	功能 7
46	P0.3	PWM03	ADC11	AD3	TxD4		
47	P0.4	PWM04	ADC12	AD4	T3		
48	P5.2	PWM52	RxD4_2				

STC8G2K64S4 单片机最小系统电路如图 1.8 所示。复位端 RST 与 P5.4 口共用。外部晶体连接的引脚为 16 和 17 两引脚,若采用内部 IRC 振荡器,则该引脚可作为通用 I/O 口使用。电源引脚为 15 引脚,其工作电压为 1.9～5.5 V,电路中采用 3.3 V 稳压电源供电,一般采用 3.3 V 的三端集成稳压器实现稳定的电源供电。STC8G2K64S4 单片机的程序下载通过将计算机上的串行通信接口与单片机的串行接口 P3.0(RxD) 和 P3.1(TxD) 相连来实现。由于目前很多计算机不提供串行通信接口,因此可采用 USB 接口转串口的方式来实现下载,通常采用 CH340 芯片实现接口转换。

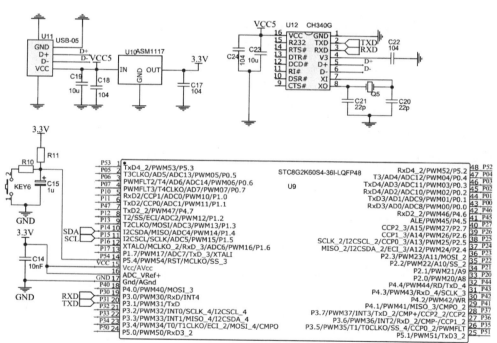

图 1.8　STC8G2K64S4 单片机最小系统图*

---

*　此类图为应用软件自动生成的电路图,内容不做修改。

本章小结

在计算机中,信息的获取、处理和执行均是通过二进制数 0 和 1 实现的,数制、码制和信息编码是微型计算机的数字逻辑基础。常用的数制有二进制、十进制和十六进制。计算机中数值的运算是通过补码来实现的。常用的编码有 BCD 码和 ASCII 码。

单片机是针对特定任务群的单芯片计算机,是具备计算机基本结构、按计算机基本工作原理运行、针对应用范围很广的测控任务群设计的超大规模数字电路集成芯片,广泛应用于物联网、仪器仪表、家用电器、工业控制等领域。

STC8G 系列单片机的内部结构由内核和外设构成,其中内核由运算器、控制器、存储器(程序存储器、数据存储器)、特殊功能寄存器、时钟电路、复位电路、电源、中断系统和总线构成;外设由 I/O 接口、串行通信接口、定时/计数器、A/D 转换器、同步串行外设接口 SPI、I^2C 总线、PCA 模块等构成。

STC8G2K64S4 单片机的存储器由程序存储器(Flash)和数据存储器(RAM)构成,其中片内的程序存储器容量为 64 KB;片内的数据存储器容量为 256 B,片内扩展的数据存储器(XRAM)的容量为 2 KB。

STC8G2K64S4 单片机的时钟可选择内部时钟(4~38 MHz),也可选择外部晶体振荡器或输入时钟。这些时钟源可进一步通过分频形成系统时钟 f_{SYSclk}。

STC8G2K64S4 单片机的复位可采用硬件复位(上电复位、复位引脚复位、低电压复位、看门狗复位)和软件复位两种。

STC8G2K64S4 单片机有全速运行、低功耗运行和空闲运行三种电源运行管理模式,可通过寄存器进行设置,以达到适应不同场合和节能的目的。

本章习题

一、填空题

1. $(11100011)_B$ = _____ H = _____ D;$(213)_D$ = _____ H = _____ B。

2. ASCII 码的定义是:_____。字母"A"的 ASIC 码是_____,"a"的 ASCII 码是_____,标点符号","的 ASCII 码是_____。

3. BCD 码的定义是:_____。十进制数 94 的 BCD 码是_____,BCD 码 0000 1001 0000 0111 表示十进制数_____。

4. 如果认定 $(0010\ 0010)_B$ 是 ASCI 码,那么它代表的是_____;如果认定它是机器数,那么它的值 = _____(十进制)。

5. 如果认定(1011 0010)_B是机器数，那么它的十进制值＝＿＿＿＿＿＿＿；如果认定它是无符号数，那么它的十进制值＝＿＿＿＿＿＿＿。

6. PC 的作用是＿＿＿＿＿＿＿＿＿＿；PC 的内容是＿＿＿＿＿＿＿＿＿＿＿，因此其寻址范围是＿＿＿＿＿＿＿。

7. 程序存储器的作用是＿＿＿＿＿＿＿＿＿＿＿＿＿，STC8G2K64S4 单片机的程序存储器容量是＿＿＿＿＿＿＿。

8. 单片机的中央处理单元 CPU 由＿＿＿＿＿＿＿和＿＿＿＿＿＿＿组成。运算器由＿＿＿＿＿＿＿＿＿＿＿＿组成。

9. 基本 RAM 区低 128 B 是由＿＿＿＿＿＿＿＿＿＿＿＿。

10. 基本 RAM 区高 128 B 的空间地址为＿＿＿＿＿＿＿，特殊功能寄存器 SFR 也共用该地址，为了区别 RAM＿＿＿＿＿＿＿寻址访问；SFR 采用＿＿＿＿＿＿＿寻址访问。

11. STC8G2K64S4 单片机的时钟由＿＿＿＿＿＿＿和＿＿＿＿＿＿＿组成。

12. STC8G2K64S4 单片机复位有＿＿＿＿＿＿＿和＿＿＿＿＿＿＿两种形式。

13. STC8G2K64S4 单片机中，CPU 中的 PSW 称为＿＿＿＿＿＿＿＿＿，其中 CY 称为＿＿＿＿＿＿＿＿＿，AC 称为＿＿＿＿＿＿＿＿＿，OV 称为＿＿＿＿＿＿＿＿＿，P 称为＿＿＿＿＿＿＿＿＿。

二、选择题

1. 在计算机中，一切信息均采用＿＿＿＿＿＿＿形式表示。

A. 二进制数　　　　B. 十进制数　　　　C. 八进制数　　　　D. 十六进制数

2. 下列不是单片机应用范围的是＿＿＿＿＿＿＿。

A. 物联网　　　　B. 汽车电子　　　　C. 工业测控　　　　D. 云服务器

3. 下列不属于 8051 内核单片机的是＿＿＿＿＿＿＿。

A. STC 系列　　　　B. AT89 系列　　　　C. C8051 系列　　　　D. PIC 系列

4. STC8G2K64S4 单片机中的程序计数器 PC 是＿＿＿＿＿＿＿。

A. 4 位　　　　B. 8 位　　　　C. 16 位　　　　D. 32 位

5. 程序状态寄存器 PSW 中的 CY 为 1，表示发生了＿＿＿＿＿＿＿。

A. 溢出　　　　B. 进位/借位　　　　C. 负数　　　　D. 放大

6. STC8G2K64S4 单片机的片内 RAM 容量是＿＿＿＿＿＿＿。

A. 128 B　　　　B. 256 B　　　　C. 512 B　　　　D. 1 KB

7. 特殊功能寄存器区采用的寻址方式是＿＿＿＿＿＿＿。

A. 直接寻址　　　　　　　　　　B. 寄存器间接寻址

C. 寄存器寻址　　　　　　　　　D. 位寻址

8. STC8G2K64S4 单片机复位引脚复位采用的是＿＿＿＿＿＿＿。

A. 高电平复位　　　B. 低电平复位　　　C. 高阻复位　　　D. 模拟电压复位

9. 若设置寄存器 CKSEL＝02H，则选用的时钟是＿＿＿＿＿＿＿。

A. 内部 IRC 时钟　　　　　　　　B. 外部振荡器或输入时钟

C. 内部低速时钟　　　　　　　　D. 以上都不是

三、判断题

1. 在计算机系统中,数值一律用补码来表示和存储。(   )

2. STC 系列单片机属于 ARM 内核单片机。(   )

3. 单片机就是 CPU。(   )

4. 单片机是超大规模集成电路。(   )

5. CPU 中的程序状态寄存器 PSW 是特殊功能寄存器。(   )

6. 数据指针 DPTR 是 8 位寄存器。(   )

7. STC8G2K64S4 单片机的时钟可以通过内部 IRC 产生。(   )

8. STC8G2K64S4 单片机不能设置为低功耗运行模式。(   )

9. STC8G2K64S4 单片机采用了高电平复位。(   )

四、简答题

1. 什么是单片机?

2. 单片机的应用领域有哪些?

3. 请解释原码、反码和补码。

4. 请简述 STC8G2K64S4 单片机的内部组成结构。

5. 请简述 STC8G2K64S4 单片机的片内数据存储器的组成。

6. 请问 STC8G2K64S4 单片机的时钟源有哪些? 如何设置?

7. 请问 STC8G2K64S4 单片机的复位有哪些方式? 如何设置?

8. 如何设置 STC8G2K64S4 单片机的低功耗和空闲运行模式?

第2章 单片机应用开发与仿真工具

教学目标

【知识】

（1）掌握 STC 系列单片机应用开发工具软件 Keil C51 的程序编辑、调试与仿真方法，以及运用 STC-ISP 软件进行程序下载的方法。

（2）掌握虚拟仿真软件 Proteus 的电路绘制和虚拟仿真功能；学习电路原理图设计和 PCB 的设计。

【能力】

（1）具备运用 Keil 软件对 STC 系列单片机进行程序编辑、调试和模拟仿真，以及运用 STC-ISP 软件进行程序下载的能力。

（2）具有运用 Proteus 软件绘制仿真电路图的能力；具有绘制电路原理图和 PCB 图的能力。

2.1 Keil C51 软件的使用

Keil C51 是德国 Keil Software 公司（已被 ARM 公司收购）出品的 51 系列兼容单片机软件开发系统。Keil 提供了包括 C 编译器、宏汇编、链接器、库管理和一个功能强大的仿真调试器在内的完整开发方案，通过一个集成开发环境（μVision）将这些部分组合在一起，可实现程序编辑、编译、仿真、下载等软件开发功能。它具有强大的软件调试功能，生成的程序代码运行速度快，所需的存储空间小。可以通过官网 https://www.keil.com 下载最新版软件。下面以 Keil μVision5 为例进行介绍。

2.1.1 软件安装

安装 Keil μVision5 软件时只需根据提示进行操作。安装完毕后，在桌面上出现 Keil μVision5 的快捷图标，单击快捷图标可启动软件。Keil μVision5 的工作界面有 2 个：编辑、编译界面，调试界面。软件启动后即进入编辑、编译界面，如图 2.1 所示。

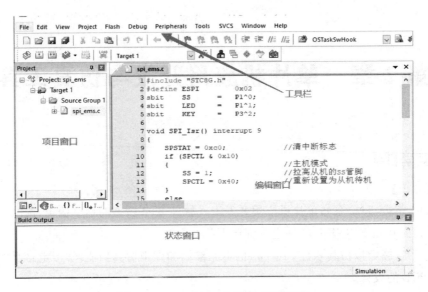

图 2.1 Keil μVision5 编辑、编译界面

2.1.2 开发环境配置

Keil μVision5 软件不自带 STC 系列单片机的数据库和头文件。因此,为了能在 Keil μVision5 软件中直接使用 STC 系列单片机的增强型功能,需要通过 STC-ISP 软件生成相应的数据库文件(STC 单片机型号、STC 单片机头文件和仿真驱动),并添加到 Keil μVision5 软件的设备库中。操作方法如下:

① 启动并运行 STC-ISP 软件,选择"Keil 仿真设置"选项,如图 2.2 所示。

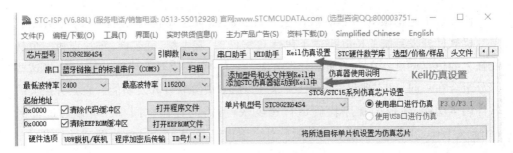

图 2.2 "Keil 仿真设置"选项

② 选中"添加型号和头文件到 Keil 中 添加 STC 仿真器驱动到 Keil 中"选项,弹出"浏览文件夹"对话框,找到 Keil 的安装目录(如 D:\Keil_v5),如图 2.3 所示,单击"确定"按钮完成添加工作。

添加完成后,在 Keil 的安装目录下,如在 D:\Keil_v5\C51\INC\STC 目录下如果有 STC8、STC15、STC12 等系列的头文件,则表示添加成功。

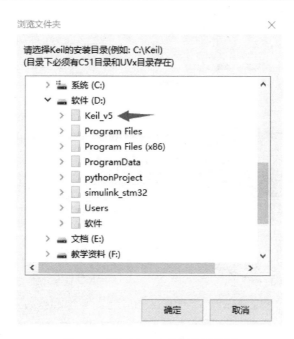

图 2.3　添加到 Keil 的安装目录下

2.1.3　创建工程项目

Keil μVision5 以项目的形式进行单片机应用系统的开发。项目管理的方法是把一个程序所要用到的、互相关联的程序链接到同一项目中,以便于修改、调试、仿真。创建工程项目的步骤如下:

① 启动软件后,选择 Project→New μVision Project 菜单项,如图 2.4 所示。

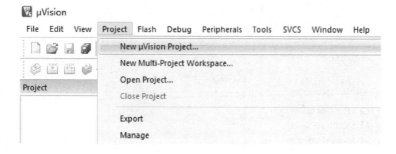

图 2.4　新建项目菜单

② 选择 New μVision Project 菜单项后,弹出 Create New Project 对话框,如图 2.5 所示。选择项目工程所在的文件夹(如:C:\Users\Administrator\Desktop\LED),输入项目名称(如:led),然后单击"保存"按钮,保存后的文件名为"led. uvproj",以后直接

双击该名称即可打开整个工程。

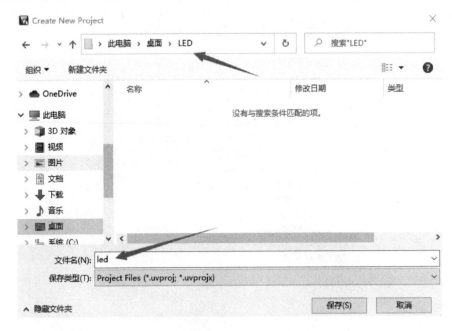

图 2.5　Create New Project 对话框

③ 打开工程文件后,随即弹出 Select Device for Target(单片机型号选择)对话框,如图 2.6 所示,在 Device 选项卡的下拉列表框中选择 STC MCU Database,在列表框的 STC 目录下选中 STC8G2K64S4 Series,完成后单击 OK 按钮。

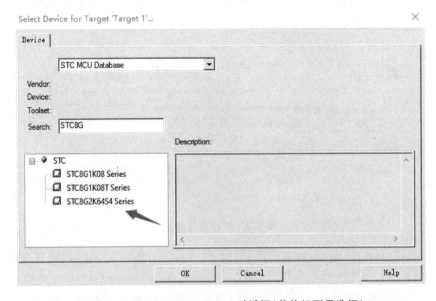

图 2.6　Select Device for Target 对话框(单片机型号选择)

④ 单击 OK 按钮后,会出现提示:是否需要复制启动代码到新建的项目中,如图 2.7 所示,单击"是"按钮即会在项目中出现"STARTUP. A51";如果单击"否"按钮则不会出现,一般情况下会单击"否"按钮。这时新的项目创建完成,如图 2.8 所示。

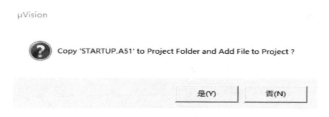

图 2.7　是否需要复制启动代码的提示对话框

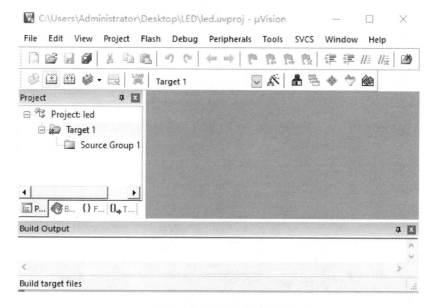

图 2.8　新项目创建完成窗口

⑤ 新建编辑程序文件。新建项目创建完成后,需要新建编辑程序的文件,Keil μVision5 提供了汇编和 C 语言的编辑文件,下面以 C 语言编辑为例进行介绍。

在图 2.8 中选择 File→New 菜单项,或者按 Ctrl+N 快捷键,会出现一个空白的文件编辑界面,可以在这里输入程序源代码,如图 2.9 所示。

⑥ 另存程序编辑文件。在如图 2.9 所示的窗口中选择 File→Save As 菜单项,打开 Save As 对话框,将刚刚建立的"Text 1"文件另存为 led. c 文件,如图 2.10 所示。

⑦ 添加已创建的编辑文件到项目中。双击左边项目窗口中的"Source Group 1",在弹出的对话框中选中刚刚建立的 led. c 文件,如图 2.11 所示,单击 Add 按钮进行添加,在项目窗口中出现 led. c 文件,如图 2.12 所示。

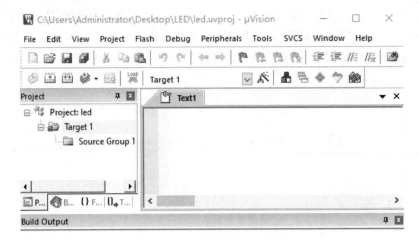

图 2.9　新建编辑程序文件窗口

图 2.10　Save As 对话框

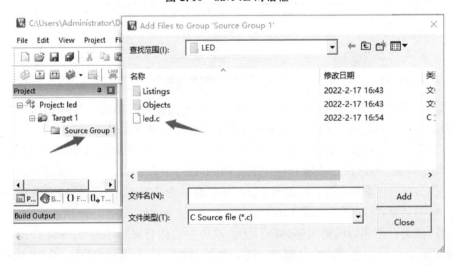

图 2.11　添加编辑文件

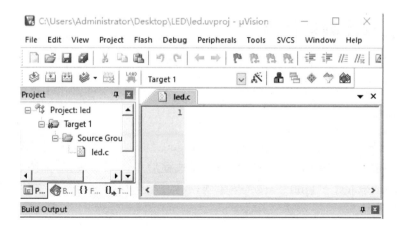

图 2.12　编辑文件已添加到项目中

⑧ 编辑程序。在图 2.12 中的编辑文件窗口中编辑文件,添加如下闪烁灯程序:

```c
# include "STC8G.h"
# include "intrins.h"
void Delay200ms()            //@12.000 MHz
{
    unsigned char i, j, k;
    _nop_();_nop_();
    i = 13;
    j = 45;
    k = 214;
    do
    {
        do
        {
            while ( -- k);
        } while ( -- j);
    } while ( -- i);
}
void main()
{
    while(1)
    {
        P1 = 0x00;
        Delay200ms();
        P1 = 0xff;
        Delay200ms();
    }
}
```

至此,工程项目已全部完成,接下来需要编译和调试。

2.1.4　程序编译与调试

编辑完成的 led.c 程序可进入编译与调试环节,生成单片机可执行的 .hex 文件,其步骤如下。

1. 编译程序

编译前先选择 Project→Options for Target 菜单项,然后在弹出的对话框中选择 Output 选项卡,选中 Create HEX File 复选框后单击 OK 按钮,如图 2.13 所示。编译时选择 Project→Build Target 菜单项,或者按 F7 快捷键对当前文件进行编译,如图 2.14 所示。

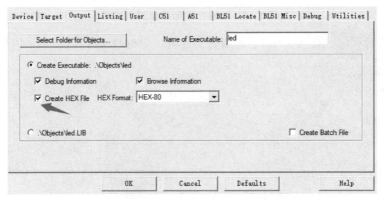

图 2.13　选中 Create HEX File 复选框

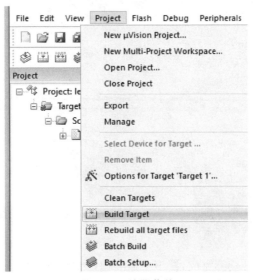

图 2.14　编译菜单

编译结果如图 2.15 所示。在 Build Output 窗口中如果出现"0 Error(s)""0 Warning(s)"则说明程序语言没有语法错误,但这并不代表程序功能正确。显示"Creating hex file form"表明创建了可执行文件。如果程序中有语法错误,则会在窗口中显示错误行和错误信息,这时需返回程序修改正确后重新再次编译,直至修改正确为止。

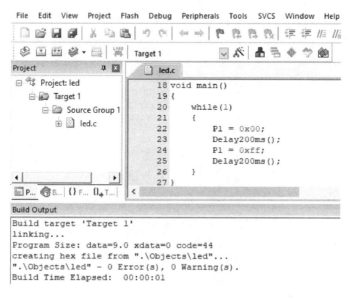

图 2.15　编译结果界面

2. 调试程序

程序编译通过后,即可进入调试与仿真环节,以验证程序是否按照功能要求正确执行。选择 Debug→Start/Stop Debug Session 菜单项,或者单击"开始/停止调试"工具按钮,进入调试状态,程序调试界面如图 2.16 所示。调试界面有很多程序调试功能窗口,这些窗口可通过 View 菜单中的选项打开或关闭;单片机上的外设接口可通过 Peripherals 菜单中的选项打开。

(1) View 菜单选项

1) 选择 Registers Window

选择该选项可打开常用寄存器窗口。这些寄存器是单片机的内核寄存器,常用于观察程序中寄存器的内容是否与设计程序中的一致,特别在调试汇编程序时非常方便。

2) 选择 Watch Window

选择该选项可打开变量观察窗口,在该窗口中可输入相关的变量名,观察程序运行中的变量变化。

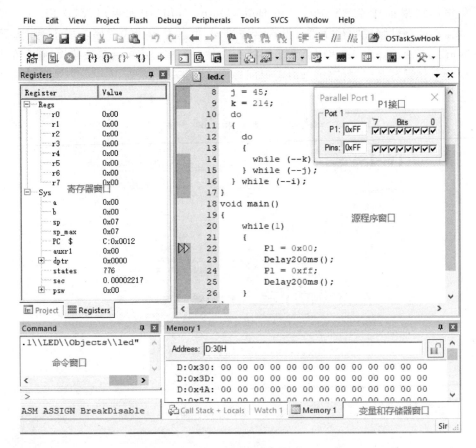

图 2.16 程序调试界面

3）选择 Memory Window

选择该选项可打开存储器窗口，在该窗口中可观察程序中涉及的某存储器单元的数据，在"Address"文本框中输入的"D：xxxxH"表示片内数据存储器，"X：xxxxH"表示片外数据存储器，"C：xxxxH"表示程序存储器。

View 菜单中还有选项 Serial Window（串口窗口）和 Analysis Window（逻辑分析窗口）等均用于程序调试。

（2）Peripherals 菜单选项

菜单 Peripherals 的选项 Interupt、I/O-Ports、Serial、Timer、Clock-control 等可显示单片机外设资源的调试窗口，如 P1 接口。

（3）Debug 菜单选项

设置好相应的调试窗口后，即可进行程序调试。菜单 Debug 中有全速调试选项 Run（或按 F5 快捷键）、单步跟踪调试选项 Step、单步运行选项 Step Over、执行返回选项 Step Out、运行至光标处选项 Run to Cursor Line、停止运行选项 Stop 及断点调试功能选项 Break Points。

　　在程序调试过程中若发现程序运行与设计的功能不一样,则需要修改程序至功能正确后再次编译,形成新的执行文件(.hex)才能下载到单片机的程序存储器中。

2.2　STC-ISP 软件的使用

2.2.1　STC-ISP 软件程序下载

　　STC 系列单片机的程序下载是通过 STC-ISP 软件实现的,打开该软件之前需要先安装 CH340 USB 驱动程序,然后将单片机目标板通过 USB 线连接到计算机上,再启动该软件,如图 2.17 所示。

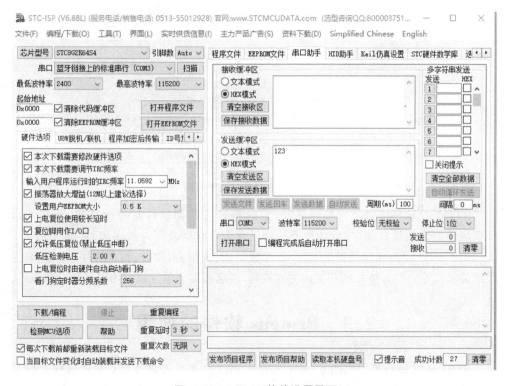

图 2.17　STC-ISP 软件设置界面

　　在"芯片型号"下拉列表框中选择正确的芯片(如:STC8G2K64S4),在"串口"下拉列表框中选择要连接的正确的串行接口,在单击"打开程序文件"按钮弹出的对话框中选中编译好的可执行文件(如:led.hex)。如果单片机采用的是内部时钟,则在"输入用户程序运行时的 IRC 频率"下拉列表框中选择合适的时钟频率(如:11.059 2 MHz)。最后,单击"下载/编程"按钮下载程序到单片机的程序存储器中。

至此,单片机程序的编辑、编译、调试仿真及下载的过程已分别通过 Keil 和 STC-ISP 软件全部完成。特别的,Keil 软件本身具有很强的仿真调试功能,但是有些功能并不直观,需结合 Proteus 软件才能更加直观地实现程序的调测。

2.2.2 其他功能应用

STC-ISP 软件提供串口助手和 HID 助手的调试功能,用于实现单片机与计算机之间的串行接口通信。串口调试功能界面如图 2.18 所示。

图 2.18 串口调试功能界面

STC-ISP 软件提供波特率计算器、定时器计算器和软件延时计算器,可实现自动生成串行通信接口和定时/计数器的初始化程序代码及延时程序代码。

另外,STC-ISP 软件还提供 STC 硬件数学库、选型、头文件、范例程序、指令表、芯片封装脚位等一些与单片机开发相关的资料,可起到加速单片机应用项目开发的作用。

2.3 Proteus 软件的使用

Proteus 软件是英国 Lab Center Electronics 公司发布的 EDA 工具软件。该软件支持电子电路仿真、单片机及外围电路仿真、原理图布图和 PCB 设计等功能。

2.3.1 Proteus 软件特点

1. 具有丰富的电路仿真资源

Proteus 提供的仿真元器件资源有仿真数字和模拟、交流和直流等数千种元器件,包含 30 多个元件库。

　　Proteus 提供的仿真仪表资源有示波器、虚拟逻辑分析仪、虚拟终端、SPI 调试器、I^2C 调试器、信号发生器、模式发生器、交/直流电压表、交/直流电流表。理论上同一种仪器可以在一个电路中随意调用。

　　Proteus 还提供了一个图形显示功能,可将线路上变化的信号以图形的方式实时显示出来,其作用与示波器相似,但功能更多。这些虚拟仪器仪表具有理想的参数指标,例如极高的输入阻抗、极低的输出阻抗,这些都尽可能减小了仪器对测量结果的影响。

　　在调试手段方面,Proteus 提供了比较丰富的测试信号用于电路测试。这些测试信号包括模拟信号和数字信号。

2. 具有仿真处理器及其外围电路的功能

　　可以仿真 51 系列、AVR、PIC、ARM 等常用主流单片机;还可直接在基于原理图的虚拟原型上编程,再配合显示及输出,即可看到运行后的输入/输出效果;配合系统配置的虚拟逻辑分析仪和示波器等,使 Proteus 建立起完备的电子设计开发环境。

2.3.2　Proteus 电路原理图绘制

1. 新建 Proteus 项目

　　打开 Proteus 软件,选择 File→New Project 菜单项,在弹出的对话框的 Name 文本框中输入项目名,在 Path 文本框中输入路径,单击 Next 按钮,如图 2.19 所示。然后在弹出的对话框中选择 Create a schematic from the selected template,并单击 Next 按钮,在弹出的对话框中接受默认设置直至完成创建,如图 2.20 所示。

图 2.19　Proteus 新建项目的名称和路径

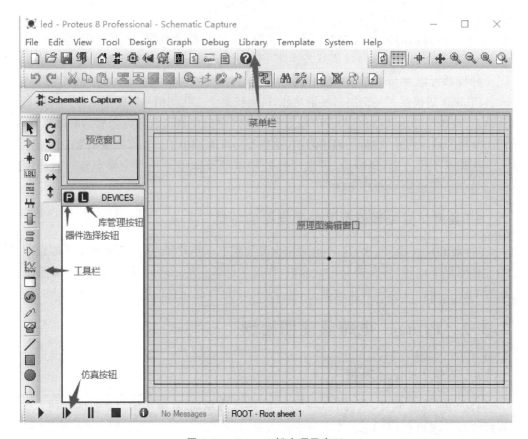

图 2.20　Proteus 新建项目窗口

2. 选择元器件

选择 Library→Pick Parts 菜单项,或者单击图 2.20 中的"器件选择按钮"P,弹出如图 2.21 所示的元器件浏览对话框,可通过在 Keywords 文本框中输入元器件名来选择相关的器件。若需要其他器件,则可在 Category 列表框中浏览选择。

例如,2.1 节中的闪烁灯对应电路,其元器件如表 2.1 所列,依次通过器件选择窗口进行选择,在选择过程中可通过图 2.21 浏览元器件。

表 2.1　闪烁灯电路元器件

元器件名称	型　号	数　量
单片机	STC15W4K32S4	1
发光二极管(LED)	LED-YELLOW	8
电阻(Resistors)	240	8

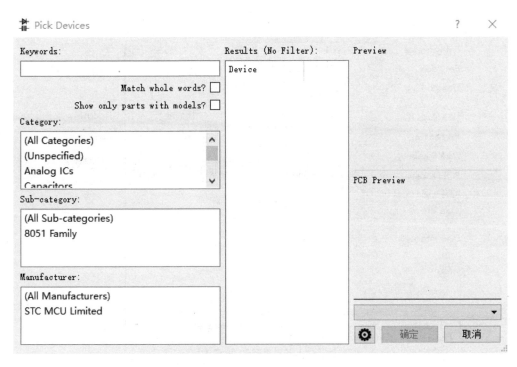

图 2.21　元器件浏览对话框

3. 元器件放置

选择元器件后单击原理图编辑窗口,完成元器件放置。放置过程中可通过小键盘的"－""＋"键实现元器件的翻转设置,也可通过窗口左侧的元件方向设置窗口实现元件方向的翻转,可实现顺时针 90°、逆时针 90°、自由角度旋转功能;同时可通过选中元器件并拖动来实现对元器件位置的变换。原理图编辑窗口的大小变换可通过菜单 View 中的选项 Zoom In、Zoom Out,或者通过鼠标滑轮的滚动来实现。

4. 元器件属性设置

双击元器件(或者右击,在弹出的快捷菜单中选择 Edit Properties),可打开元器件的属性对话框,如图 2.22 所示,可对元器件的参数进行设置。

若要删除某元器件,则右击它,在弹出的快捷菜单中选中 Delete Object 选项(或选中对象后按快捷键 Delete),即可删除该元器件。

5. 电源、地和连接符号

单击 Terminals Mode 工具按钮(或者在编辑窗口中右击,在弹出的快捷菜单中选择 Place→Terminals 菜单项)可显示电源、地和连接符号,如图 2.23 所示。

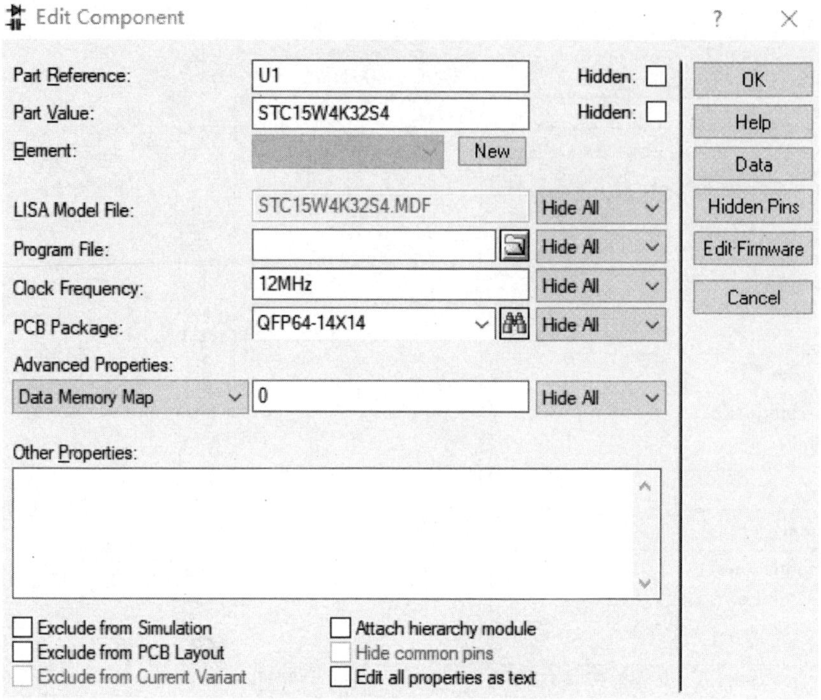

图 2.22　元器件属性对话框

6. 电路元器件连接

Proteus 软件具有自动电气布线功能。当单击工具按钮后，在元件模式下单击元件的引脚，移动光标到相连件的引脚后再次单击，即可完成元件间的电气连接。当导线交叉相连时，单击连接点工具按钮，将在两导线的交叉点处添加一个小圆点，表示交叉相连。

图 2.23　电源、地和连接符号

Proteus 软件还提供了总线绘制。当电路中连接的导线较多时，例如并口线，一排 8 根或更多，则采用总线连接方式可使电路较直观。单击工具按钮，则可像连接导线一样连接总线。总线连接好后，若需要连接总线分支，则通过普通导线连接即可。每根导线需要添加网络标号，单击工具按钮，单击要添加标号的位置，则弹出如图 2.24 所示的添加网络标号对话框，相同连接点在 String 下拉列表框中采用相同的标号名。

连接完成的电路如图 2.25 所示，电路中的单片机通过 240 Ω 电阻外接了 8 只发光二极管，采用共阳极的接法，二极管的阳极接到电源。当单片机的 P1 口输出低电

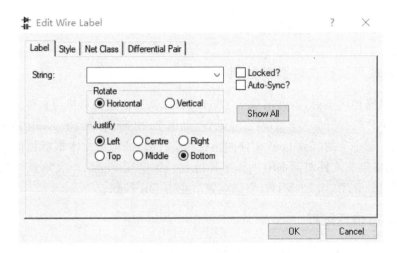

图 2.24　添加网络标号

平时,发光二极管点亮;当输出高电平时,发光二极管熄灭。电路中单片机的 P1 口与电阻之间采用总线连接,电源端则直接连接。

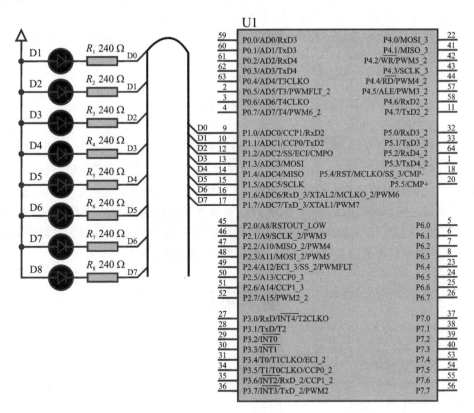

图 2.25　电路连接图

2.3.3 Proteus 虚拟仿真

1. 加载可执行文件到单片机

画完电路连接图后,即可加载 2.1 节中编译、调试通过的可执行文件到仿真电路中。双击单片机打开单片机的属性对话框,如图 2.22 所示,在 Program File 文本框中输入 2.1.4 小节的"led.hex"文件的路径和文件名(或单击文本框后面的文件夹按钮,在弹出的浏览文件对话框中进行选择)。在 Clock Frequency 文本框中设置单片机的运行时钟频率,如 12 MHz,完成设置后单击 OK 按钮。

2. 虚拟仿真运行

单击绘图窗口左下角的仿真运行按钮,Proteus 进入调试状态,显示的虚拟仿真运行按钮如图 2.26 所示,依次为运行程序、单步运行程序、暂停运行程序、停止运行程序。

图 2.26　虚拟仿真运行按钮

Proteus 软件的工具栏中还有仪器仪表工具,如虚似信号源、虚拟示波器、虚拟串口终端、电压表、电流表、SPI 调试器、I^2C 调试器等,这些工具在单片机的应用调试中广泛使用。

本章小结

本章主要通过 Keil 软件和 Proteus 软件介绍了 STC8G 系列单片机的开发、调试环境搭建的方法及步骤。Keil 软件是集成了程序编辑、编译、调试、仿真于一体的开发软件,可对单片机的 I/O 接口、定时/计数器、串行通信接口、中断等功能进行仿真,可采用全速、单步、跟踪、执行到光标处和断点等程序运行模式进行调试。STC-ISP 软件可实现对 STC8G 系列单片机的程序进行下载。Proteus 软件可实现对单片机及其外围元器件进行系统、全方位、可视化的虚拟仿真。

本章习题

一、填空题

1. Keil 软件是集_____、_____、_____于一体的软件。

2. Keil 软件可以编写 C 语言程序,也可以编写_____。

3. STC-ISP 在线编程软件主要用于_____。

4. Proteus 软件主要用于_____。

二、选择题

1. 在 Keil 集成开发环境中,在选中 Create HEX File 选项后,可生成_____。

A. 可执行的 Hex 文件　　B. 汇编代码　　C. C 语言代码　　D. 不确定

2. 在 Keil 集成开发环境中,下列不属于编辑、编译界面操作功能的是_____。

A. 输入程序　　　　　B. 编辑程序　　C. 运行　　　　　D. 编译程序

3. 在 Keil 集成开发环境中,下列不属于调试状态功能的有_____。

A. 单步运行　　　　　B. 全速运行　　C. 跟踪运行　　　　D. 编辑程序

三、判断题

1. Keil 集成开发环境可开发 JAVA 语言程序。(　　)

2. Proteus 软件具有可视化虚拟仿真的功能。(　　)

3. Keil 集成开发环境不可以实现在线仿真。(　　)

4. STC-ISP 软件是用于程序下载的。(　　)

四、简答题

1. 请简述用 Keil 软件搭建 STC8G 系列单片机开发环境的步骤。

2. 请简述用 Proteus 软件虚拟仿真 STC8G 系列单片机的步骤。

第3章 C51程序设计

教学目标

【知识】

(1) 掌握 C51 语言的语法及其与 ANSI C 语言的区别。

(2) 掌握 8051 单片机的 C51 语言的编程规则,包括 C51 语言的特点、数据类型与存储类型、基本运算及程序设计。

【能力】

(1) 具有应用 C51 语言分析单片机的应用项目和设计单片机应用方案的能力。

(2) 具有应用 C51 语言开发 8051 单片机应用程序的能力。

3.1 C51 语言的特点

C51 是在 ANSI C 基础上,根据 8051 单片机的特性开发的专门用于 8051 内核的单片机 C 语言。汇编语言和 C51 语言均是 8051 单片机程序开发的基本语言。下面通过实例来比较两种语言的区别,并介绍 C51 语言的特点。例如:比较两个数据 X=78 和 Y=0x53 的大小,并将大数赋值给 Z。程序如下:

```
汇编源程序                          C51 语言源程序
  X EQU 20H                        unsigned char X = 78,Y = 0x53,Z;
  Y EQU 21H                        void main()
  Z EQU 22H                        {
  ORG  0000H                           if(X>Y)
  MOV  X,♯78                               Z = X;
  MOV  Y,♯0x53                         else
  MOV  A,X                                 Z = Y;
  SUBB A,Y                             while(1)
  JC   BIG                             {;}
  MOV  Z,X                         }
  SJMP SS
BIG: MOV  Z,Y
 SS: SJMP $
  END
```

可以看出,汇编语言程序是直接透明的,它实际操作存储器单元;而 C51 语言程序是操作虚拟的变量。上面的汇编语言程序和 C 语言程序都是源程序,都有一个通过汇编器或 C 编译器形成目标程序的过程。

汇编语言程序反映的过程是计算机的真实过程,只要编程的结构合理,其目标程序的代码长度就最短。C 语言程序反映的是复杂高级的操作,C 编译器将复杂过程化解为计算机能够执行的简单的基本操作,因此目标程序的代码长度总要长一些。

在 51 单片机程序设计语言中,汇编语言是底层语言,一般只支持简单和基本的操作,设计周期长,可读性和可移植性差,程序维护烦琐。C51 语言既有高级语言的功能强大、表述简洁清晰的优点,又有汇编语言可直接操作硬件的优点,因此,在 8051 单片机的实际开发应用中,采用 C51 语言编程已成为 8051 单片机开发技术的主流。C51 语言具有如下特点:

① 语言简洁、紧凑,使用方便、灵活。

② 运算符丰富,有 34 种运算符。

③ 数据类型丰富,具有现代语言的各种数据结构。

④ 具有结构化的控制语句,是完全模块化和结构化的语言。

⑤ 语法限制不太严格,程序设计自由度大。

⑥ 允许直接访问物理地址,能进行位操作,能实现汇编语言的大部分功能,可直接对硬件操作。兼有高级和低级语言的特点。

⑦ 目标代码质量高,程序执行效率高,只比汇编程序生成的目标代码效率低 $10\%\sim20\%$。

⑧ 程序可移植性好(与汇编语言相比),基本上不做修改就能用于各种型号的 51 单片机和 RTOS 操作系统。

3.2　C51 语言的语法基础

3.2.1　标识符

标识符用来标识源程序中某个对象的名字,这些对象包括用户设定的语句、变量、常量、数组、数据类型、函数、字符串等。标识符由字母、数字、下划线组成,第一个字符必须为字母或下划线。标识符的长度以 32 个符号为限,不能使用 C 语言的标准关键字和 C51 的扩展关键字。

3.2.2　关键字

在 C51 语言中保留了 52 个具有特殊含义的关键字,其中与 ANSI C 标准相同的有 32 个,同时还扩展了 20 个。这些关键字有固定的名称和含义,如表 3.1 所列。

表 3.1　C51 关键字表

序　号	关键字	含　义	序　号	关键字	含　义
1	auto	自动变量	27	typedef	给数据类型取别名
2	break	跳出当前循环	28	unsigned	声明无符号型类型
3	case	开关语句分支	29	union	声明联合数据类型
4	char	声明字符型类型	30	void	函数无返回值、无参数、无类型指针
5	const	声明只读变量	31	volatile	变量在程序执行中可被隐含地改变
6	continue	开始下一轮循环	32	while	循环语句的循环条件
7	default	开关语句中的"其他"分支	33	bit	位类型
8	do	循环语句的循环体	34	sbit	声明可位寻址的特殊功能位
9	double	双精度类型	35	sfr	8 位的特殊功能寄存器
10	else	条件语句中的"否定"分支	36	sfr16	16 位的特殊功能寄存器
11	enum	声明枚举类型	37	code	ROM
12	extern	声明变量在其他文件中	38	bdata	可位寻址的内部 RAM
13	float	声明浮点型类型	39	pdata	可分页寻址的外部 RAM
14	for	一种循环语句	40	data	可直接寻址的内部 RAM
15	goto	无条件跳转语句	41	xdata	外部 RAM
16	if	条件语句	42	idata	可间接寻址的内部 RAM
17	int	声明整型类型	43	interrupt	中断服务函数
18	long	声明长整型类型	44	using	选择工作寄存器组
19	register	声明寄存器变量	45	small	内部 RAM 的存储模式
20	return	子程序返回语句	46	compact	使用外部分页 RAM 的存储模式
21	short	声明短整型类型	47	large	使用外部 RAM 的存储模式
22	signed	声明有符号型类型	48	_priority_	RTX51 的任务优先级
23	sizeof	计算数据类型长度	49	reentrant	可重入函数
24	static	声明静态变量	50	_at_	变量定义存储空间绝对地址
25	struct	声明结构体类型	51	alien	声明与 PL/M51 兼容的函数
26	switch	一种开关语句	52	_task_	实时任务函数

3.2.3　数　据

1. 常　数

整型常数:十进制、十六进制、长整数(实际数据长度或加后缀 L)。
浮点型常数:也称实型常数,有定点形式和指数形式两种表达方式。
字符型常数:由单引号界定的字符。
字符串型常数:由双引号界定的字符串常数。

2. 变　量

变量必须先定义、后使用。定义所在的位置或模块区域决定了变量的定义域:从定义处开始有效;在某模块内定义,就仅在该模块内有效,除非预先声明。

变量定义语句的一般标准格式为

[存储种类]　数据类型　[存储器类型]变量名 1[= 初值],变量名 2[= 初值],…;

(1) 存储种类

存储种类指变量定义语句中有关变量存储器管理方式的规定,它影响变量的作用域和生存期,是可选项,具体包括 auto(自动,默认)、static(静态)、extern(外部)、register(寄存器)4 种。

(2) 数据类型

数据类型指变量存储格式、数据长度、取值范围、在存储器中占用字节数、能参加的运算等有关属性的规定,具体包括 12 种,如表 3.2 所列。

表 3.2　C51 数据类型表

数据类型	长　度	值　域
signed char	1 B	$-128 \sim +127$
unsigned char	1 B	$0 \sim 255$
signed int	2 B	$-32\ 768 \sim +32\ 767$
unsigned int	2 B	$0 \sim 65\ 535$
signed long	4 B	$-2\ 147\ 483\ 648 \sim +2\ 147\ 483\ 647$
unsigned long	4 B	$0 \sim 4\ 294\ 967\ 295$
float	4 B	$\pm 1.176 \times 10^{-38} \sim \pm 3.40 \times 10^{38}$
指针	$1 \sim 3$ B	对象地址
bit	1 b	0 或 1

续表 3.2

数据类型	长 度	值 域
sbit	1 b	0 或 1
sfr	1 B	0～255
sfr16	2 B	0～65 535

(3) 存储器类型

存储器类型用来指定变量在单片机存储器全空间中所存放的区域,为可选项,具体包括 6 种:data,idata,bdata,xdata,pdata,code,其含义如表 3.3 所列。

表 3.3　C51 存储器类型表

存储器类型	寻址空间	数据长度/b	值域范围
bdata	片内可位寻址的 RAM(20H～2FH)	1	0～127
data	片内可直接寻址的 RAM(00～7FH)	8	0～128
idata	片内可间接寻址的 RAM(00～FFH)	8	0～255
pdata	可分页寻址的片外 RAM(0000H～00FFH)	8	0～255
xdata	片外 RAM (64 KB) (0000H～FFFFH)	16	0～65 535
code	片内外统一编址的 ROM(64 KB)(0000H～FFFFH)	16	0～65 535

(4) 变量名

变量名用来确定变量在程序中的标识符。可以在定义语句中同时赋初值,即所谓变量初始化。

(5) 存储模式

存储模式用来确定 C51 编译器关于变量默认的存储器类型、参数传递区和未明确存储器类型设定的方式,具体包括 small、compact、large 共 3 种模式,其含义如表 3.4 所列。

表 3.4　C51 存储模式表

存储模式	含 义
small	small 模式称为小编译模式。在 small 模式下编译时,函数参数和变量被默认在片内 RAM 中,存储器类型为 data
compact	compact 模式称为紧凑编译模式。在 compact 模式下编译时,函数参数和变量被默认在片外 RAM 的低 256 B 空间,存储器类型为 pdata
large	large 模式称为大编译模式。在 large 模式下编译时,函数参数和变量被默认在片外 RAM 的 64 KB 空间,存储器类型为 xdata

例如：

```
auto int data m;          //表示变量 m 为自动型,分配在 data 区,即 RAM 的低 128 B 中
char code n;              //表示变量 n 为字符型,分配在 code 区
```

3.2.4　运算符和表达式

1. 赋值运算符

赋值运算符就是赋值符号"＝"。注意赋值操作的方向性：读取右边某对象中的内容写入左边的对象。

2. 算术运算符

算术运算符共 7 种,各功能及其说明如表 3.5 所列。

表 3.5　C51 算术运算符表

运算符	功　能	举例(a＝7,b＝3)
＋	加法运算符	c＝a＋b；　//c＝10
－	减法运算符	c＝a－b；　//c＝4
＊	乘法运算符	c＝a＊b；　//c＝21
/	除法运算符	c＝a/b；　//c＝2
％	模运算或取余运算符	c＝a％b；　//c＝1
＋＋	自增运算符	c＝a＋＋；　//c＝7,a＝8 c＝＋＋a；　//c＝8,a＝8
－－	自减运算符	c＝a－－；　//c＝7,a＝6 c＝－－a；　//c＝6,a＝6

3. 关系运算符

关系运算符有小于、小于或等于、大于、大于或等于、等于、不等于 6 种,各功能及其说明如表 3.6 所列。

表 3.6　C51 关系运算符表

运算符	功　能	举例(a＝7,b＝3)
＜	小于	a＜b；　//返回值为 0
<=	小于或等于	a<=b；　//返回值为 0
＞	大于	a＞b；　//返回值为 1
>=	大于或等于	a>=b；　//返回值为 1
==	等于	a==b；　//返回值为 0
!=	不等于	a!=b；　//返回值为 1

4. 逻辑运算符

逻辑运算符有逻辑与、逻辑或、逻辑非 3 种,其运算结果有"真""假"两种表示, "1"表示真,"0"表示假,各功能及其说明如表 3.7 所列。

表 3.7　C51 逻辑运算符表

运算符	功　能	举例(a＝7,b＝3)
&&	逻辑与	a && b;　//返回值为 1
||	逻辑或	a || b;　//返回值为 1
!	逻辑非	!a;　//返回值为 0

5. 位运算符

位运算符有按位与、按位或、按位异或、按位取反、按位左移、按位右移 6 种,各功能及其说明如表 3.8 所列。

表 3.8　C51 位运算符表

运算符	功　能	举　例
&	按位与	0x0F & 0x01＝0x01
|	按位或	0x0F | 0x10＝0x1F
^	按位异或	0x0F ^ 0x01＝0x0E
~	按位取反	a＝0x0F,则~a＝0xF0
<<	按位左移(高位丢弃,低位补 0)	a＝0x0F,a<<1,则 a＝0x1E
>>	按位右移(低位丢弃,高位补 0)	a＝0xF0,a>>1,则 a＝0x78

6. 复合赋值运算符

复合赋值运算符如表 3.9 所列。

表 3.9　C51 复合赋值运算符表

运算符	功　能	举　例
＋＝	复合赋值加	a＋＝b;　//表示 a＝a＋b
－＝	复合赋值减	a－＝b;　//表示 a＝a－b
*＝	复合赋值乘	a * ＝b;　//表示 a＝a * b
/＝	复合赋值除	a/＝b;　//表示 a＝a/b
%＝	复合赋值取余	a%＝b;　//表示 a＝a%b

运算符	功　能	举　例
&=	复合赋值与	a&=b; //表示 a＝a&b
|=	复合赋值或	a|=b; //表示 a＝a | b
^=	复合赋值异或	a^=b; //表示 a＝a^b
~=	复合赋值取反	a~=b; //表示 a＝a~b
<<=	复合赋值左移	a<<=b; //表示 a＝a<<b
>>=	复合赋值右移	a>>=b; //表示 a＝a>>b

7. 指针运算符

C51 中,指针运算符"＊"表示提取指针变量的内容,指针运算符"&"表示提取指针变量的地址,例如:

```
a = * b;            //把以指针变量 b 为地址的单元内容送给变量 a
a = &b;             //取变量 b 的地址送给 a
```

此外,还有逗号运算符、条件运算符、数据类型强制转换运算符,这些运算符在 C51 程序设计中也广泛应用,例如:

```
x = (a = 0,b = 2.6 * 3 * b);   //括号内的逗号运算表达式由多个表达式构成
                               //从左到右运算,其值为最右边表达式的值
x = (表达式 1)? 表达式 2:表达式 3;   //若表达式 1 为真,则将表达式 2 的值赋给 x
                               //否则将表达式 3 的值赋给 x
n = (unsigned int) x;          //将变量 x 强制转换为无符号整型数据赋值给 n
```

3.2.5　程序语句

C51 程序语句有五大类,分别是表达式语句、程序控制语句、函数调用语句、空语句和复合语句。

1. 表达式语句

由一个表达式构成一条语句,最典型的是由赋值表达式构成一条赋值语句。"a＝3"是一个赋值表达式,而"a＝3;"是一条赋值语句。任何表达式加上分号后都可以成为语句,即一条语句必须在最后出现分号,分号是语句中不可缺少的一部分。

2. 程序控制语句

程序控制语句包括条件控制语句、循环语句、break 语句、continue 语句、goto 语

句、函数返回语句 return。

(1) 条件控制语句

条件控制语句包括 if 语句和 switch 语句。

if 语句是由 if 和 else 构成的单、双、多分支三种形式的选择语句,其格式如下:

```
if(表达式) ｛执行语句 1;｝ ［else｛执行语句 2;｝］
```

例如:

```
if(a > b)
｛ y = a; ｝
else ｛ y = b; ｝
```

switch 语句可实现多分支控制,其格式如下:

```
switch(表达式)
｛
    case 常数表达式 1:语句 1;break;
    case 常数表达式 2:语句 2;break;
    …
    case 常数表达式 n:语句 n;break;
    default:语句 n + 1;
｝
```

(2) 循环语句

循环语句有 for、while 和 do-while 三种语句。

1) for 循环语句

for 循环语句既可用于循环次数已知的情况,也可用于循环次数不确定而给出条件的情况,其格式如下:

```
for(表达式 1;表达式 2;表达式 3)
｛循环体语句;｝
```

例如:求 1~20 中奇数的累加和。

```
unsigned char i;
unsigned int s = 0;
void main( )
｛
    for(i = 1; j <= 20; i ++)
    ｛
        if(i % 2 == 0) continue;
        s = i + s;
    ｝
｝
```

2）while 循环语句

根据循环条件，如果条件为真，就重复执行循环体内的语句；反之，终止执行循环体内的语句，其格式如下：

```
while(表达式)
{执行语句组;}
```

while 循环语句的特点是循环条件的测试在循环体的开头，要想执行重复操作，首先必须测试循环条件，如果条件不成立，则不执行循环体内的操作。

上例如果使用 while 循环语句，则程序代码如下：

```
unsigned char i = 0;
unsigned int s = 0;
void main( )
{
    while(1)
    {
        i++;
        if(i == 20)  break;
        if(i % 2 == 0)  continue;
        s = i + s;
    }
}
```

3）do-while 循环语句

语句格式如下：

```
do
{语句;}
while(表达式)
```

do-while 循环语句的特点是先执行内嵌的循环语句，再计算表达式，如果表达式为真，则继续执行循环体内的语句，直到表达式的值为假时结束循环。

上例如果使用 do-while 循环语句，则程序代码如下：

```
unsigned char i = 0;
unsigned int s = 0;
void main( )
{
    do {
        i++;
        if(i % 2 == 0)  continue;
        s = i + s;
    }while(i < 20);
}
```

(3) break 语句、continue 语句

在循环语句执行过程中,如果要在满足循环判定条件的情况下跳出代码段,则可使用 break 语句或 continue 语句。两者的区别是当前循环遇到 break 时直接结束循环;当前循环遇到 continue 时停止当前这一层的循环,跳到下一层循环。

(4) goto 语句

goto 语句是无条件转移语句,当执行 goto 语句时,将程序指针跳转到 goto 给出的下一条代码,其格式如下:

```
goto  标号;          //跳到标号处
```

(5) 函数返回语句 return

函数返回语句 return 常用于函数中需要返回数据的场合,其格式如下:

```
return  [(表达式)];          // [带参数]函数返回语句
```

3. 函数调用语句

由一次函数调用加一个分号构成一条语句,可把被调用函数直接作为主调函数中的一条语句。

4. 空语句

空语句即是只有一个分号的语句,它什么也不做。有时用来作为被转向点,或者作为循环语句中的循环体(循环体是空语句,表示循环体什么也不做)。

5. 复合语句

可以用"{}"把一些语句括起来构成复合语句,又称分程序。将多条执行语句组合为复合语句模块,并在其中进行局部变量定义,这是 C 语言的一个特征。

3.2.6 函　数

1. 函数的定义格式

函数的定义格式如下:

```
函数类型  函数名(形式参数表)  [reentrant][interrupt  m][using  n]
{
    局部变量定义
    函数体
}
```

各字段说明如下：

函数类型：说明了函数返回值的类型。

函数名：是用户为自定义函数取的名字，以便调用函数时使用。

形式参数表：用于列出在主调函数与被调用函数之间进行数据传递的形式参数。interrupt 表示中断服务程序。

例如："void Timer_isr( ) interrupt 1"表示该函数是中断号为 1 的中断服务程序。

2. 函数的调用与声明

(1) 函数的调用

函数调用的一般形式如下：

```
函数名(实参列表);
```

对于有参数的函数调用，若实参列表包含多个实参，则各个实参之间用逗号隔开。

按照函数调用在主调函数中出现的位置，函数调用方式有以下 3 种：
- 函数语句：把被调用函数作为主调函数的一条语句。
- 函数表达式：函数被放在一个表达式中，以一个运算对象的方式出现。这时的被调用函数要求带有返回语句，以返回一个明确的数值来参加表达式的运算。
- 函数参数：被调用函数作为另一个函数的参数。

(2) 自定义函数的声明

在 C51 中，函数原型的一般形式如下：

```
［extern］　函数类型　函数名(形式参数表);
```

函数的声明是把函数的名字、函数类型，以及形参的类型、个数和顺序通知编译系统，以便在调用函数时系统进行对照检查。函数声明的后面要加分号。

如果所声明的函数位于当前程序文件的内部，则声明时不用加 extern；如果声明的函数不在当前程序文件的内部，则声明时须加 extern，指明所使用的函数在另一个程序文件中。

3. 函数的嵌套与递归

(1) 函数的嵌套

函数的嵌套指在一个函数的调用过程中调用另一个函数。C51 编译器通常依靠堆栈来进行参数传递，堆栈设在片内 RAM 中，而片内 RAM 的空间有限，因而嵌套的深度也较有限，一般在几层以内。如果层数过多，就会导致堆栈空间不够而出错。

(2) 函数的递归

递归调用是嵌套调用的一个特殊情况。如果在调用一个函数的过程中又出现了直接或间接调用该函数本身的情况,则称为函数的递归调用。在函数的递归调用中要避免出现无终止的自身调用,应通过条件控制来结束递归调用,使得递归的次数有限。

4. 标准库函数

C51 提供了丰富的库函数,这些库函数可使程序代码简单、结构清晰、易于使用和维护,常用的有如下一些库函数文件:

reg51.h:定义单片机的特殊功能寄存器和端口。

intrins.h:移位操作、堆栈操作等函数库。

absacc.h:外部绝对地址访问函数库。

stdio.h:标准输入/输出函数库。

math.h:标准数学函数库。

ctype.h:字符函数库。

string.h:字符串数组函数库。

3.3 C51 语言应用举例

3.3.1 C51 对单片机中的地址访问实例

例 3.1 扫描片外数据存储器 xdata 中由 0x2000～0x200F 单元组成的数据块,完成以下任务:找出最大数 max,将其存放在 data 中的 0x40 单元;选择能够被 3 整除的非零数据,将它们依次传送到片内数据存储器区的 0x30～0x3F 单元存放。

分析:该任务是利用 C51 来访问单片机存储器的绝对地址单元,其访问有 3 种方法:用指针变量、用 absacc.h 中的绝对地址访问库函数、用定义在指定地址的变量。程序代码如下:

```
# include <STC8G.h>
# include <absacc.h>              //将绝对地址访问库函数宏定义的头文件包含入本程序
data unsigned char max _at_ 0x40;  //在 data 区中地址为 0x40 的单元处定义无符号字
                                   //符型变量 max
unsigned char data * p;   //定义一个指向 data 区内无符号字符型变量的指针变量 p
unsigned int data addr;   //在 data 区中定义无符号整型变量 addr
void main(void)
{
    p = 0x30;             //指针变量赋值,指向指针目标区中的 0x30 单元
```

```
    max = XBYTE[0x2000];
    for (addr = 0x2000; addr <= 0x200F; addr ++)
    {
        max = (max >= XBYTE[addr]) ? max:XBYTE[addr];    //依次找到最大值并写入变量 max
        if(XBYTE[addr] % 3 == 0 && XBYTE[addr] != 0) //依次查询是否为被 3 整除的
                                                     //非零数据
        { *p = XBYTE[addr]; p++;          //将此数据存入指针变量 p 所指的目标单元
        }
    }
    while(1);
}
```

3.3.2　C51 对单片机的外设资源访问实例

例 3.2　已知单片机的 P2.0～P2.3 引脚接有 4 个按键,分别为 KEY0～KEY3;
P1 口外接 8 只发光二极管,分别为 LED0～LED7。当 KEY0 按下时,LED0、LED7
点亮;当 KEY1 按下时,LED1、LED6 点亮;当 KEY2 按下时,LED2、LED5 点亮;当
KEY3 按下时,LED3、LED4 点亮。

分析:采用开关语句 switch 来实现。8 只发光二极管为低电平驱动,4 个按键为
低电平有效。程序代码如下:

```
#include <STC8G.H>
#define uchar unsigned char
sbit KEY0 = P2^0;
sbit KEY1 = P2^1;
sbit KEY2 = P2^2;
sbit KEY3 = P2^3;
void main(void)
{
    uchar temp;
    P2 = 0xFF;                              //将 P2 口置为输入状态
    while(1)
    {
        temp = P2;                          //读 P2 口的输入状态
        switch(temp)
        {
            case 0xFE:  P1 = 0x7E; break;   //按 KEY0 键,LED0、LED7 灯亮
            case 0xFD:  P1 = 0xBD; break;   //按 KEY1 键,LED1、LED6 灯亮
            case 0xFB:  P1 = 0xDB; break;   //按 KEY2 键,LED2、LED5 灯亮
            case 0xF7:  P1 = 0xE7; break;   //按 KEY3 键,LED3、LED4 灯亮
            default :   P1 = 0xFF; break;
        }
    }
}
```

本章小结

51 系列单片机的程序设计主要采用汇编语言或 C51 语言。

汇编语言具有条理结构清晰、目标程序占用存储空间小、运行速度快、效率高、实时性强等特点,适合编写短小程序。C 语言作为高级语言,其可读性高,便于交流和升级维护,适合大规模程序设计。

C51 语言是在 ANSI C(标准 C)的基础上,针对 8051 内核的单片机进行扩展的语言,主要增加了变量的存储类型(data、bdata、idata、pdata、xdata、code),特殊功能寄存器和位的定义(sfr、sfr16、sbit),数据类型增加了位变量 bit,中断服务程序带有关键字 interrupt 等。

本章习题

一、填空题

1. 在 C51 中,用于定义特殊功能寄存器可寻址位地址的关键字是_____。

2. 在 C51 中,用于定义特殊功能位的关键字是_____。

3. 在 C51 中,中断函数的关键字是_____。

4. 在 C51 中,定义程序存储器的存储类型的关键字是_____。

5. 在 C51 中,定义位寻址区的存储类型的关键字是_____。

6. 在 C51 中,定义片外数据存储类型的关键字是_____。

二、选择题

1. 在 Keil C 程序中,定义一个位变量 flag 的正确写法是_____。

A. bit flag   B. sbit flag   C. int flag   D. char flag

2. C51 编译器提供了一组宏定义来对 code、data、pdata 和 xdata 空间进行绝对寻址,其定义的头文件为_____。

A. reg51. h   B. absacc. h   C. io. h   D. string. h

3. 在单片机 C51 特殊功能寄存器区定义的 sfr,其地址位于_____。

A. 0x00~0x7F   B. 0x80~0xFF   C. 0x20~0x2F   D. 0x00~0x1F

4. 下列哪个不是 Keil C 的数据类型?_____。

A. bit   B. string   C. char   D. int

5. 在 C51 语言中,当 do-while 语句中的条件为_____时,结束循环。

A. 0   B. 1   C. true   D. 0xFF

6. 定义 x 变量,其数据类型为 8 位无符号数,并分配到程序存储空间,赋值 100。正确的语句是_____。

A. unsigned char code x＝100；　　　　B. unsigned char data x＝100；

C. unsigned char xdata x＝100；　　　　D. unsigned char code x；x＝100；

7. 定义一个 16 位无符号数变量 y，并分配到位寻址区。正确的语句是_____。

A. unsigned int y；　　　　　　　　　B. unsigned int data y；

C. unsigned int xdata y；　　　　　　D. unsigned int bdata y；

8. 执行"P1＝P1 & 0xfe；"语句，相当于对 P1.0 的_____操作。

A. 置 1　　　　B. 置 0　　　　C. 取反　　　　D. 不变

9. 执行"P2＝P2|0x01；"语句，相当于对 P2.0 的_____操作。

A. 置 1　　　　B. 置 0　　　　C. 取反　　　　D. 不变

10. 执行"P3＝P3^0x01；"语句，相当于对 P3.0 的_____操作。

A. 置 1　　　　B. 置 0　　　　C. 取反　　　　D. 不变

三、判断题

1. "while(1)"与"for(；；)"语句的功能是一样的。（　　）

2. 在 C51 变量定义中，默认的存储器类型是低 128 字节，为直接寻址方式。（　　）

3. 在分支程序中，各分支程序是相互独立的。（　　）

四、简答题

1. 简述 C51 源程序的一般格式中有哪 3 大段落，各段有什么意义。

2. 什么是 C51 编译器的"存储器模式"？分别解释 3 种存储器模式各是什么含义，存储器模式如何设定。

3. 简要叙述结构化程序设计的两大基本原则是什么。

4. C51 语言对存储器绝对地址单元的访问有哪些方法？请举例说明。

第 4 章　通用输入/输出(I/O) 接口结构及应用

教学目标

【知识】

(1) 深刻理解单片机通用 I/O 接口的作用,掌握 STC8G 系列单片机的 I/O 接口的结构和 4 种工作模式的配置应用。

(2) 深刻理解发光二极管的工作原理,掌握单片机 I/O 接口控制发光二极管的驱动原理及程序设计。

(3) 掌握单片机 I/O 接口驱动 8 段 LED 数码管显示和 LCD1602 液晶显示器的工作原理及程序设计。

(4) 深刻理解按键的结构及工作原理,掌握单片机 I/O 接口与独立按键、矩阵键盘的电路连接及其工作原理和程序设计。

【能力】

(1) 能根据给定的任务要求,合理选择 I/O 接口的能力。

(2) 能应用 C51 语言编写 I/O 接口输入数据和输出数据程序的能力。

(3) 具有应用 I/O 接口开发 8 段 LED 数码管显示和 LCD1602 液晶显示器电路及程序设计的能力。

(4) 具有应用 I/O 接口开发独立按键和矩阵键盘的能力。

4.1　通用 I/O 接口的功能

I/O 接口即指输入/输出接口,其功能是实现单片机与外围设备进行数据交换与控制,例如可实现 LED 显示、LCD 显示、键盘接口、传感器接口、功率器件接口、通信接口等。STC8G2K64S4 单片机最多有 45 个 I/O 口(如 48 脚单片机):P0.0~P0.7,P1.0~P1.7,P2.0~P2.7,P3.0~P3.7,P4.0~P4.7, P5.0~P5.4。这些引脚除输入、输出外,部分引脚还兼有特殊功能(如 A/D 转换、PWM 输出等)和外部中断功能。

4.2　通用 I/O 接口的工作模式及结构

所有 I/O 口均可用软件配置为 4 种工作模式:准双向口/弱上拉、推挽输出/强上拉、高阻输入、开漏输出。由 2 个控制寄存器 $PnM1$、$PnM0$(n 表示 0~5)中的相应位来控制每个口的工作模式,如表 4.1 所列。STC8G 系列单片机的 I/O 口上电复位后为准双向口/弱上拉(传统 8051 的 I/O 口)模式。每个 I/O 口的驱动能力均可达到 20 mA,但 40 脚及 40 脚以上单片机的整个芯片最大不要超过 120 mA,20 脚以上及 32 脚以下(包括 32 脚)单片机的整个芯片最大不要超过 90 mA。

表 4.1　I/O 口工作模式寄存器配置表

寄存器		I/O 口工作模式
PnM1[7:0]	PnM0[7:0]	
0	0	准双向口(传统 8051 单片机 I/O 模式):灌电流可达 20 mA,拉电流为 150~230 μA
0	1	推挽输出:强上拉输出,拉电流可达 20 mA,要外接限流电阻
1	0	高阻输入
1	1	开漏:内部上拉电阻断开,要外接上拉电阻才可以拉高。此模式可用于 5 V 器件与 3 V 器件的电平切换

4.2.1　准双向口工作模式

在准双向口工作模式下,接口可用作输出和输入功能而无须重新配置端口的输出状态,这是因为当引脚输出为"1"时,其驱动能力很弱,允许外部装置将其拉低;当引脚输出为"0"时,其驱动能力很强,可吸收相当大的电流。内部电路结构如图 4.1 所示。

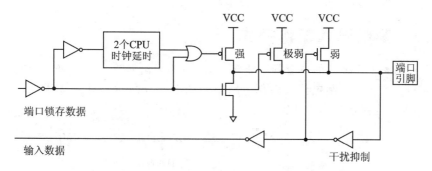

图 4.1　准双向口工作模式的内部电路结构图

准双向口有 3 个上拉晶体管适应不同的需要。第 1 个上拉晶体管称为"弱上拉",当端口为"1"时打开,此上拉提供基本驱动电流使准双向口输出为"1",如果一个引脚输出为"1"而由外部装置下拉至低时,"弱上拉"晶体管关闭而"极弱上拉"晶体管维持开状态,为了把该引脚强拉至低,外部装置必须有足够的灌电流能力使引脚上的电压降到门槛电压以下,对于 5 V 单片机,"弱上拉"晶体管的电流约为 250 μA;对于

3.3 V 单片机,"弱上拉"晶体管的电流约为 150 μA。第 2 个上拉晶体管称为"极弱上拉",当端口锁存为"1"时打开,当引脚悬空时,该极弱的上拉源产生很弱的上拉电流将引脚上拉为高电平,对于 5 V 单片机,"极弱上拉"晶体管的电流约为 18 μA;对于 3.3 V 单片机,"极弱上拉"晶体管的电流约为 5 μA。第 3 个上拉晶体管称为"强上拉",当端口锁存器由 0 到 1 跳变时,该上拉用来加快准双向口由逻辑 0 到逻辑 1 的转换。当发生这种情况时,强上拉打开约 2 个时钟以使引脚能迅速上拉到高电平。

准双向口带有一个施密特触发输入和一个干扰抑制电路。

注意:在准双向口读取外部状态之前要先锁存为"1",才可读到正确的外部状态。

4.2.2 推挽输出工作模式

推挽输出配置的下拉结构与开漏输出和准双向口的下拉结构相同,但当锁存器为"1"时,它提供持续的强上拉。推挽输出模式一般用于需要更大驱动电流的情况,强上拉输出时可达 20 mA,需要外接限流电阻。内部电路结构如图 4.2 所示。

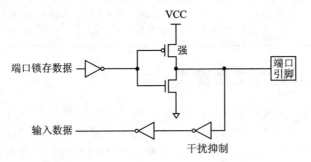

图 4.2 推挽输出工作模式的内部电路结构图

4.2.3 高阻输入工作模式

高阻输入工作模式的电流既不能流入,也不能流出。输入口带有一个施密特触发输入和一个干扰抑制电路。内部电路结构如图 4.3 所示。可直接从端口读入数据,而不需要先对端口锁存器置"1"。

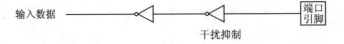

图 4.3 高阻输入工作模式的内部电路结构图

4.2.4 开漏工作模式

开漏工作模式既可读取外部状态,也可对外输出(高电平或低电平)。内部电路结构如图 4.4 所示。如要正确读取外部状态或需对外输出高电平,则需外加上拉电阻。

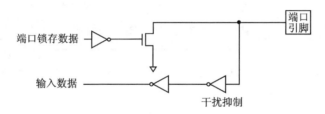

图 4.4　开漏工作模式的内部电路结构图

当端口锁存器为"0"时,开漏输出关闭所有上拉晶体管。当作为一个逻辑输出高电平时,这种配置方式必须有外部上拉,一般通过电阻外接到 VCC。如果外部有上拉电阻,则开漏输出的 I/O 口还可读取外部状态,即此时被配置为开漏模式的 I/O 口还可作为输入 I/O 口,这种方式的下拉与准双向口相同。

开漏输出端口带有一个施密特触发输入和一个干扰抑制电路。

4.3　通用 I/O 接口设置

STC8G 系列单片机还可对 4.1 kΩ 上拉电阻、对外输出速度、电流驱动能力、数字/模拟控制、施密特触发控制进行设置,以适应不同的应用场合。

4.3.1　设置内部 4.1 kΩ 上拉电阻

STC8G 系列单片机的所有输入/输出接口均可使能一个 4.1 kΩ 的上拉电阻,如图 4.5 所示。

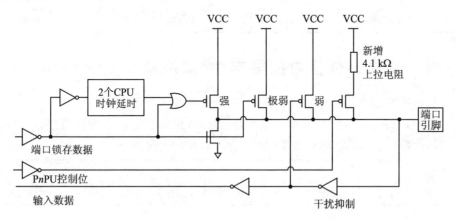

图 4.5　内部上拉电阻结构图

4.1 kΩ 上拉电阻的使能是通过设置寄存器 PnPU(n 表示 0～5)实现的。该寄存器各位的定义如下:

寄存器	B7	B6	B5	B4	B3	B2	B1	B0
PnPU	Pn7PU	Pn6PU	Pn5PU	Pn4PU	Pn3PU	Pn2PU	Pn1PU	Pn0PU

　　各位的设置值为:0 表示禁止使用 4.1 kΩ 的上拉电阻,默认为 0;1 表示使能 4.1 kΩ 的上拉电阻。

4.3.2　设置 I/O 接口的对外输出速度

　　当用户需要 I/O 口对外输出较快的频率时,可通过加大 I/O 口的驱动电流和增加 I/O 口的电平转换速度来达到提高 I/O 口对外输出速度的目的。通过设置寄存器 PnSR(n 表示 0~5)可以控制 I/O 口的电平转换速度,当设置为 0 时,相应的 I/O 口为快速翻转;当设置为 1 时,为慢速翻转,默认为 1。PnSR 寄存器各位的定义如下:

寄存器	B7	B6	B5	B4	B3	B2	B1	B0
PnSR	Pn7SR	Pn6SR	Pn5SR	Pn4SR	Pn3SR	Pn2SR	Pn1SR	Pn0SR

4.3.3　设置 I/O 接口的电流驱动能力

　　当用户需要设置 I/O 口的电流驱动能力时,可通过设置寄存器 PnDR(n 表示 0~5)来控制 I/O 口驱动电流的大小。当设置为 0 时,相应的 I/O 口为强驱动电流;当设置为 1 时,为一般驱动电流,默认为 1。PnDR 寄存器各位的定义如下:

寄存器	B7	B6	B5	B4	B3	B2	B1	B0
PnDR	Pn7DR	Pn6DR	Pn5DR	Pn4DR	Pn3DR	Pn2DR	Pn1DR	Pn0DR

4.3.4　设置 I/O 接口的数字/模拟控制

　　当用户需要设置 I/O 口为数字/模拟信号时,可通过设置寄存器 PnIE(n 表示 0~5)来控制 I/O 口的数字/模拟切换。当设置为 0 时,相应的 I/O 口为模拟信号;当设置为 1 时,为数字信号,默认为 1。PnIE 寄存器各位的定义如下:

寄存器	B7	B6	B5	B4	B3	B2	B1	B0
PnIE	Pn7IE	Pn6IE	Pn5IE	Pn4IE	Pn3IE	Pn2IE	Pn1IE	Pn0IE

4.3.5　设置 I/O 接口的施密特触发控制

　　当用户需要对 I/O 口的施密特触发控制进行设置时,可通过设置寄存器 PnNCS(n 表示 0~5)来控制切换。当设置为 0 时,相应的 I/O 口为施密特触发功能,默认

为 0;当设置为 1 时,禁止施密特触发功能。PnNCS 寄存器各位的定义如下:

寄存器	B7	B6	B5	B4	B3	B2	B1	B0
PnNCS	Pn7NCS	Pn6NCS	Pn5NCS	Pn4NCS	Pn3NCS	Pn2NCS	Pn1NCS	Pn0NCS

4.4　通用 I/O 接口典型应用电路

4.4.1　典型发光二极管控制电路

　　STC8G 系列单片机与发光二极管连接有两种方式:①准双向模式,由于其是弱上拉,因此采用灌电流驱动发光二极管,如图 4.6(a)所示;②推挽输出模式或接 4.1 kΩ 上拉电阻,用拉电流的方式驱动发光二极管,如图 4.6(b)所示。

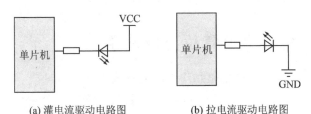

(a) 灌电流驱动电路图　　　　　　(b) 拉电流驱动电路图

图 4.6　典型发光二极管控制电路图

4.4.2　典型三极管驱动电路

　　一般单片机 I/O 引脚的驱动能力有限,如果需要驱动大功率器件,可采用单片机引脚外接三极管输出的方法,如图 4.7 所示。如果为上拉控制,则建议上拉电阻 R_1 为 3.3～10 kΩ;如果不加上拉电阻 R_1,则 R_2 的值一般选用 15 kΩ 以上,或者采用推挽输出。

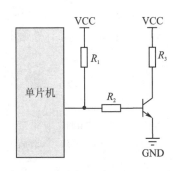

图 4.7　典型三极管控制电路图

4.4.3　混合电压供电系统 3 V/5 V 器件 I/O 接口互连

　　由于 STC8G 系列单片机的工作电压较宽,因此,若工作于 5 V,则当需要直接连接 3.3 V 器件时,可将相应的 I/O 接口先串联一个 330 Ω 的限流电阻到 3.3 V 器件的 I/O 接口,如图 4.8(a)所示。程序初始化时将单片机的 I/O 接口设置为开漏配置,断开内部上拉电阻,相应 3.3 V 器件的 I/O 接口外加 10 kΩ 上拉电阻到 3.3 V 器件的电源,这样高电平是 3.3 V,低电平是 0 V,符合逻辑电平。

当 STC8G 系列单片机的工作电压为 3.3 V 时,如果需要直接连接 5 V 器件,则可在 I/O 接口串接一个隔离二极管,如图 4.8(b)所示。当外部信号电压高于单片机工作电压时二极管截止,因 I/O 接口内部上拉到高电平,所以读 I/O 接口的状态是高电平;当外部信号电压为低时二极管导通,I/O 接口被钳位在 0.7 V,当 I/O 接口电压小于 0.8 V 时,单片机读 I/O 接口的状态是低电平。

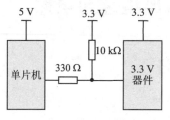
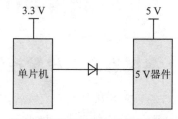

(a) 高电源电压转低电源电压电路图　　(b) 低电源电压转高电源电压电路图

图 4.8　3 V/5 V 器件 I/O 接口互连电路图

4.4.4　I/O 接口上电复位为低电平

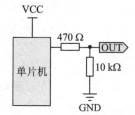

　　STC8G 系列单片机上电复位时均为高阻输入工作模式(除了 P3.0/P3.1 为弱上拉外),如果在上电时需要与低电平工作的元器件连接,则可增加一个下拉电阻来保证上电时 I/O 接口为低电平,电路如图 4.9 所示。后续若要改为高电平,则只需将 I/O 接口的工作模式改为推挽输出即可对外输出高电平。

图 4.9　I/O 接口上电复位时为低电平电路图

4.5　通用 I/O 接口的应用案例

　　通用 I/O 接口的应用非常广泛,可应用于人机交互和其他芯片接口,例如 LED 和 LCD 显示,键盘操作,DS18B20 数字温度传感器,以及电机控制等。

4.5.1　发光二极管闪烁灯设计

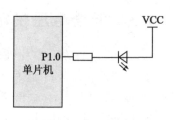

　　任务要求:利用单片机的输入/输出引脚 P1.0 外接 1 只发光二极管实现间隔 100 ms 闪烁,请绘制电路,完成程序设计。

　　原理分析:在硬件电路方面,P1.0 引脚与发光二极管的阴极相连,阳极与电源相连,电路如图 4.10 所示。在软件方面,配置 P1.0 为准双向端口,分别置逻辑"0"和"1",通过 100 ms 延时实现间隔闪烁。

图 4.10　闪烁灯电路图

程序代码如下：

```
#include <stc8G.H>
#include <intrins.h>
/ ******************100 ms 延时程序********************/
void Delay100ms()                        //@11.059 2 MHz
{
    unsigned char i, j;
    i = 180;
    j = 73;
    do
    {
        while ( -- j);
    } while ( -- i);
}
/ ********************主函数*********************/
void main(void)
{
    P1M0 = 0x00;                       //端口工作模式设置
    P1M1 = 0x00;
    while(1)
    {
        P10 = 0;
        Delay100ms();
        P10 = 1;
        Delay100ms();
    }
}
```

4.5.2　流水灯设计

任务要求: 设计一个由 8 只发光二极管构成的流水灯,能实现左右流水功能,请绘制电路,并设计程序。

原理分析: 硬件电路中用 8 只发光二极管分别串联 240 Ω 电阻依次与 P1 口各引脚相连,发光二极管的阳极接电源,如图 4.11 所示。当 P1 口置逻辑"0"时,对应的发光二极管点亮;反之,熄灭。软件将 P1 口设置为准双向口,通过将逻辑"0"依次移位并结合延时函数,实现流水过程。

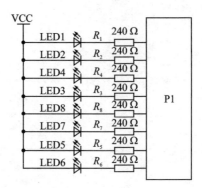

图 4.11　流水灯电路图

程序代码如下：

```c
#include <stc8G.h>
#include <intrins.h>
/ ********************100 ms 延时程序 ********************/
void Delay100ms()                        //@11.059 2 MHz
{
    unsigned char i, j;
    i = 180;
    j = 73;
    do
    {
        while ( -- j);
    } while ( -- i);
}
/ ******************** 主函数 ********************/
void main( )
{
    unsigned char i;
    while(1)
    {
        P1 = 0xFE;
        Delay100ms();
        for(i = 0;i < 8;i ++ )              //向左边移动
        {
            P1 = (P1 << 1)|(P1 >> (8 - i - 1));
            Delay100ms();
        }
        P1 = 0x7f;
        Delay100ms();
```

```
        for(i = 0;i < 8;i++ )                  //向右边移动
        {
            P1 = (P1 ≫ 1)|(P1 ≪ (8 - i - 1));
            Delay100 ms();
        }
    }
}
```

4.5.3　LED 数码管显示器与应用编程设计

任务要求:利用 STC8G 系列单片机的 I/O 接口设计一个 8 位 LED 数码管显示器,要求能显示"01234567",并画出电路图,设计程序。

1. 原理分析

LED 数码管显示器内部是由发光二极管按一定的结构组合起来的显示器件,在单片机应用系统中通常使用 7 段式或 8 段式显示器,8 段式比 7 段式多一个小数点。LED 数码管可以是单个,也可以是多个组合,常用于显示数字"0123456789"和字母"AbCdEF"。

LED 数码管显示器内部的发光二极管有两种结构:共阴极和共阳极,如图 4.12 所示。

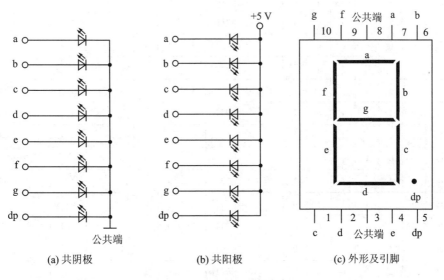

(a) 共阴极　　　　　　　　(b) 共阳极　　　　　　　　(c) 外形及引脚

图 4.12　LED 数码管结构图

数码管在显示时,公共端首先要保证有效,即共阴极的公共端接低电平,共阳极的公共端接高电平,这称为选通,或者由三极管或门电路实现;再将要显示的数字编码传输到另一端,这个编码称为字段码。

数码管在应用中需要注意两个方面的问题:译码方式和显示方式。

译码方式指把要显示的字符转换为对应的字段码的方式。通常由硬件译码和软件译码方式构成。硬件译码是通过 74HC595、CD4511、74HC48 等芯片与单片机端口相连,直接完成译码过程。软件译码是通过软件译码程序来得到要显示的字符的字段码。译码程序通常为查表程序,在单片机应用中常采用此方法。

在软件译码方式中,LED 数码管的各段位一般直接与单片机相连或通过锁存器相连,例如,若与单片机 P1 口相连,则字段码如表 4.2 所列。

表 4.2 LED 数码管字段码表

字符	单片机接口与字段连接																	
	B7	B6	B5	B4	B3	B2	B1	B0	共阴	B7	B6	B5	B4	B3	B2	B1	B0	共阳
	dp	g	f	e	d	c	b	a		dp	g	f	e	d	c	b	a	
0	0	0	1	1	1	1	1	1	3FH	1	1	0	0	0	0	0	0	C0H
1	0	0	0	0	0	1	1	0	06H	1	1	1	1	1	0	0	1	F9H
2	0	1	0	1	1	0	1	1	5BH	1	0	1	0	0	1	0	0	A4H
3	0	1	0	0	1	1	1	1	4FH	1	0	1	1	0	0	0	0	B0H
4	0	1	1	0	0	1	1	0	66H	1	0	0	1	1	0	0	1	99H
5	0	1	1	0	1	1	0	1	6DH	1	0	0	1	0	0	1	0	92H
6	0	1	1	1	1	1	0	1	7DH	1	0	0	0	0	0	1	0	82H
7	0	0	0	0	0	1	1	1	07H	1	1	1	1	1	0	0	0	F8H
8	0	1	1	1	1	1	1	1	7FH	1	0	0	0	0	0	0	0	80H
9	0	1	1	0	1	1	1	1	6FH	1	0	0	1	0	0	0	0	90H
A	0	1	1	1	0	1	1	1	77H	1	0	0	0	1	0	0	0	88H
b	0	1	1	1	1	1	0	0	7CH	1	0	0	0	0	0	1	1	83H
C	0	0	1	1	1	0	0	1	39H	1	1	0	0	0	1	1	0	C6H
d	0	1	0	1	1	1	1	0	5EH	1	0	1	0	0	0	0	1	A1H
E	0	1	1	1	1	0	0	1	79H	1	0	0	0	0	1	1	0	86H
F	0	1	1	1	0	0	0	1	71H	1	0	0	0	1	1	1	0	8EH
.	1	0	0	0	0	0	0	0	80H	0	1	1	1	1	1	1	1	7FH
熄灭	0	0	0	0	0	0	0	0	00H	1	1	1	1	1	1	1	1	FFH

数码管的显示方式有两种:静态显示和动态显示。

在静态显示时,数码管的公共端直接接地(共阴极)或接电源(共阳极),各段位分别与单片机 I/O 接口相连,如图 4.13 所示,常用于单个 LED 数码管显示。

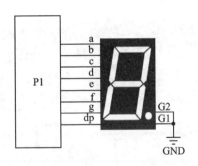

图 4.13　静态显示 LED 数码管连接图

动态显示一般用于多个数码管显示的应用场合,其硬件连接是将所有相对应的段选线连在一起,各位分开,如图 4.14 所示,8 根段选线与单片机 I/O 接口相连,位选线一般通过三极管或锁存器与单片机 I/O 接口相连。

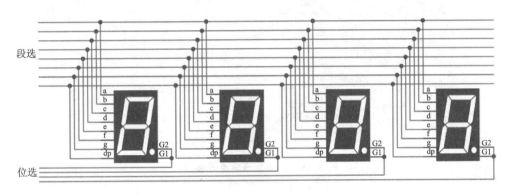

图 4.14　动态显示 LED 数码管连接图

动态显示的原理是利用人眼的视觉暂留效应,让每一位数码管依次单独显示,但使停留时间足够短(如 1 ms),循环显示的周期足够快(如每秒 24 次),这样数码管看起来就是在一直稳定地显示。

动态显示的过程是:首先使第一个数码管的位选有效(共阳极公共端加高电平,共阴极公共端加低电平),再将要显示的段码通过 I/O 口送给段选线,然后关闭位选。再使第二个数码管的位选有效,再送出要显示的段码,然后关闭位选。如此依次让所有的数码管循环显示。

2. 硬件电路

硬件电路原理图如图 4.15 所示,LED 数码管的段选线通过锁存器 74HC573 与单片机的 P0 口相连,位选线通过另一片 74HC573 与 P0 口相连。锁存器 U2 的锁存信号连接 P2.6 引脚,锁存器 U3 的锁存信号连接 P2.7 引脚。通过 P0 口及 P2.6 和 P2.7 引脚可实现对数码管的操作。

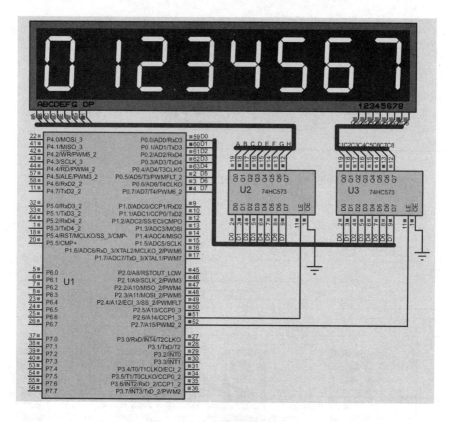

图 4.15 动态显示电路原理图

3. 程序代码

```
#include <STC8G.h>
#define LedPort P0          //LED 段码接口
sbit we = P2^7;             //位定义数码管位选锁存器接口
sbit du = P2^6;             //位定义数码管段选锁存器接口
unsigned char code leddata[] = {0x3f,0x06,0x5b,0x4f,0x66,0x6d,0x7d,0x07,0x7f,
              0x6f,0x77,0x7c, 0x39,0x5e,0x79,0x71,0x40};
                                                //字形码(段码)
              //显示段码值 0123456789AbCdEF –
unsigned char code WeiMa[] = {0xfe,0xfd,0xfb,0xf7,0xef,0xdf,0xbf,0x7f};
                                                //位选码(左到右)
/*****************LED 显示程序********************/
void delay(int m)           //延时程序,延时 m * 0.5 ms
{
    unsigned int i,j;
```

```
        for (i = 0; i < m; i++)
            for(j = 0; j < 256;j++);
}
/ *****************LED 显示程序 *****************************
输入参数:leddat 表示显示的数,ledbit 表示显示的位
**********************************************************/
void display(char ledbit,char leddat)
{
    LedPort = WeiMa[ledbit];              //位码
    we = 1;                               //打开位选
    we = 0;                               //关闭位选
    LedPort = leddata[leddat];            //段码
    du = 1;                               //打开段选
    du = 0;                               //关闭段选
    delay(1);                             //延时
    LedPort = 0xff;                       //消隐
}
/ *********************** 主程序 *****************************/
void main()
{
    char i;
    while(1)
    {
        for(i = 0;i <= 7;i ++)
        {
            display(i,i);
        }
    }
}
```

4.5.4　液晶 LCD1602 显示接口与应用编程设计

任务要求:利用 STC8G 系列单片机和 LCD1602 液晶显示模块设计一个显示器,要求在第一行显示"LCD1602",在第二行显示"STC8G",请画出电路图,并设计程序。

1. LCD1602 显示器结构

LCD 液晶显示器有数显笔段型、点阵字符型、点阵图形型。LCD1602 属于点阵字符型,可以显示 2 行,每行可以显示 16 个 ASCII 字符。模块内有 80 字节的数据显示 RAM (DDRAM),除了有可显示 192 个字符(5×7 点阵)的字符库 ROM(CGROM)外,还有 64 字节的自定义字符 RAM(CGRAM),用户可自行定义 8 个 5×7 点阵字符。

内置控制器与单片机 I/O 口可以直接连接,其外形结构如图 4.16 所示。

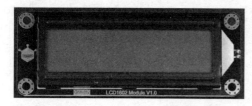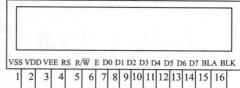

图 4.16　LCD1602 结构图

LCD1602 有标准的 14 引脚(无背光)或 16 引脚(有背光),工作电压为 4.5~5.5 V,典型为 5 V,工作电流为 2 mA。引脚包括 8 条数据线、3 条控制线、2 条背光调节控制线和 3 条电源线,其功能如表 4.3 所列。

表 4.3　LCD1602 引脚功能表

引脚号	引脚名称	引脚功能
1	VSS	电源地
2	VDD	+5 V 逻辑电源
3	VEE	液晶显示对比度调节
4	RS	寄存器选择(1:数据寄存器,0:命令/状态寄存器)
5	R/$\overline{\text{W}}$	读/写操作选择(1:读,0:写)
6	E	使能信号
7~14	D0~D7	数据总线
15	BLA	背光板电源,常串联 1 个电位调节
16	BLK	背光板电源地

2. LCD1602 字符的显示及命令字

对 LCD1602 的初始化、读、写、光标设置、显示数据的设置等,都是通过单片机向 LCD1602 写入命令字来实现的。命令字如表 4.4 所列。

表 4.4　LCD1602 字符的显示及命令字功能表

命令号	命　令	RS	R/$\overline{\text{W}}$	D7	D6	D5	D4	D3	D2	D1	D0
1	清屏	0	0	0	0	0	0	0	0	0	1
2	光标返回	0	0	0	0	0	0	0	0	1	—
3	显示模式设置	0	0	0	0	0	0	0	1	I/D	S
4	显示开/关及光标设置	0	0	0	0	0	0	1	D	C	B
5	光标或字符移位	0	0	0	0	0	1	S/C	R/L	—	—

命令号	命　　令	RS	R/$\overline{\text{W}}$	D7	D6	D5	D4	D3	D2	D1	D0
6	功能设置	0	0	0	0	1	DL	N	F	—	—
7	CGRAM 地址设置	0	0	0	1	字符发生存储器地址					
8	DDRAM 地址设置	0	0	1	显示数据存储器地址						
9	读忙标志或地址	0	1	BF	计数器地址						
10	写数据	1	0	写入的数据							
11	读数据	1	1	读出的数据							

命令 1:清屏,光标返回地址 00H 处(显示屏的左上方)。

命令 2:光标返回至地址 00H 处(显示屏的左上方)。

命令 3:显示模式设置:

I/D—地址指针加 1 或减 1 选择位。

1:读或写一个字符后地址指针加 1;

0:读或写一个字符后地址指针减 1。

S—屏幕上所有字符移动方向是否有效控制位。

1:当写入一个字符时,整屏显示左移(I/D=1)或右移(I/D=0);

0:整屏显示不移动。

命令 4:显示开/关及光标设置:

D—屏幕整体显示控制位。

0:关显示;

1:开显示。

C—光标有无控制位。

0:无光标;

1:有光标。

B—光标闪烁控制位。

0:不闪烁;

1:闪烁。

命令 5:光标或字符移位:

S/C—光标或字符移位选择控制位。

0:移动光标;

1:移动显示的字符。

R/L—移位方向选择控制位。

0:左移;

1:右移。

命令 6:功能设置。

DL—传输数据的有效长度选择控制位。

1：8 位数据线接口；

0：4 位数据线接口。

N—显示器行数选择控制位。

0：一行显示；

1：两行显示。

F—字符显示的点阵控制位。

0：显示 5×7 点阵字符；

1：显示 5×10 点阵字符。

命令 7：CGRAM 地址设置。

命令 8：DDRAM 地址设置。LCD 内部有一个数据地址指针，用户可通过它访问内部全部 80 字节的数据显示 RAM。命令格式：80H＋地址码。其中，80H 为命令码。

命令 9：读忙标志或地址：

BF—忙标志。

1：LCD 忙，此时 LCD 不能接收命令或数据；

0：LCD 不忙。

命令 10：写数据。

命令 11：读数据。

例如，若将显示设置为"16×2 显示，5×7 点阵，8 位数据接口"，则只需向 LCD1602 写入功能设置命令（命令 6）"00111000B"，即 38H 即可。

3. 字符显示位置的设置

80 字节的 DDRAM 与显示屏上的字符显示位置一一对应，如图 4.17 所示。当向 DDRAM 的 00H～0FH（第 1 行）、40H～4FH（第 2 行）地址的任一处写数据时，LCD 立即显示出来，该区域也称为可显示区域。而当写入 10H～27H 或 50H～67H 地址处时，字符不会显示出来，该区域也称为隐藏区域。

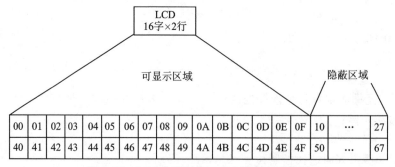

图 4.17 LCD 内部显示 RAM 的地址映射图

需要说明的是，在向 DDRAM 写入字符时，首先要设置 DDRAM 的定位数据指针，此操作可通过命令 8 完成。例如，若要写字符到 DDRAM 的 40H 地址处，则命令 8 的格式为 80H＋40H＝C0H，其中 80H 为命令代码，40H 为要写入字符处的地址。

4. LCD1602 的基本操作

(1) 初始化

步骤是：

写命令 38H,即功能设置(16×2 显示,5×7 点阵,8 位数据接口)。

写命令 08H,显示关闭。

写命令 01H,显示清屏,数据指针清 0。

写命令 06H,写一个字符后地址指针加 1。

写命令 0CH,设置开显示,不显示光标。

(2) 读/写操作

单片机读/写 LCD1602 的操作规范如表 4.5 所列。

表 4.5　单片机读/写 LCD1602 的操作规范

读/写操作	单片机发给 LCD1602 控制信号	LCD1602 输出
读状态	RS=0,R/$\overline{\text{W}}$=1,E=1	D0～D7=状态字
写命令	RS=0,R/$\overline{\text{W}}$=0,D0～D7=指令,E=正脉冲	无
读数据	RS=1,R/$\overline{\text{W}}$=1,E=1	D0～D7=数据
写数据	RS=1,R/$\overline{\text{W}}$=0,D0～D7=数据,E=正脉冲	无

5. 硬件电路设计

硬件电路如图 4.18 所示,LCD1602 的 8 位数据端与单片机的 P0 口相连,寄存

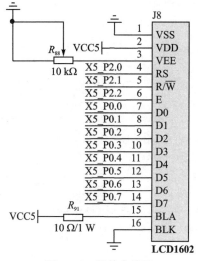

图 4.18　硬件电路图

器选择端 RS 与 P2.0 引脚相连,读/写操作端 R/$\overline{\text{W}}$ 与 P2.1 引脚相连,使能信号端 E 与 P2.2 引脚相连。

6. 软件设计

将写命令、写数据、显示字符和初始化程序分开独立成函数,参考程序代码如下:

```
# include <STC8G. h>
/ ***********************************************
 * 自定义数据类型
 *********************************************** /
typedef unsigned char uchar;
typedef unsigned int uint;
# define LCD1602_DB P0                //LCD1602 数据总线
sbit LCD1602_RS = P2^0;               //RS 端
sbit LCD1602_RW = P2^1;               //RW 端
sbit LCD1602_EN = P2^2;               //EN 端
/ ***********************************************
 * 函数名称:Read_Busy
 * 函数功能:判断 1602 液晶忙,并等待
 *********************************************** /
void Read_Busy()
{
    uchar busy;
    LCD1602_DB = 0xff;                //复位数据总线
    LCD1602_RS = 0;                   //拉低 RS
    LCD1602_RW = 1;                   //拉高 RW:读
    do
    {
        LCD1602_EN = 1;               //使能 EN
        busy = LCD1602_DB;            //读回数据
        LCD1602_EN = 0;               //拉低使能以便于下一次产生上升沿
    }while(busy & 0x80);              //判断状态字 BIT7 位是否为 1,为 1 则表示忙
}
/ ***********************************************
 * 函数名称:LCD1602_Write_Cmd
 * 函数功能:写 LCD1602 命令
 * 输    入:cmd:要写的命令
 *********************************************** /
void LCD1602_Write_Cmd(uchar cmd)
{
    Read_Busy();                      //判断忙,忙则等待
```

```
        LCD1602_RS = 0;                    //拉低 RS
        LCD1602_RW = 0;                    //拉低 RW
        LCD1602_DB = cmd;                  //写入命令
        LCD1602_EN = 1;                    //拉高使能端,数据被传输到 LCD1602 内
        LCD1602_EN = 0;                    //拉低使能端,以便于下一次产生上升沿
}
/*****************************************************
 * 函数名称:LCD1602_Write_Dat
 * 函数功能:写 LCD1602 数据
 * 输       入:dat:需要写入的数据
 *****************************************************/
void LCD1602_Write_Dat(uchar dat)
{
        Read_Busy();
        LCD1602_RS = 1;
        LCD1602_RW = 0;
        LCD1602_DB = dat;
        LCD1602_EN = 1;
        LCD1602_EN = 0;
}
/*****************************************************
 * 函数名称:LCD1602_Dis_OneChar
 * 函数功能:在指定位置显示一个字符
 * 输       入:x:行坐标取值 0~15,y:列坐标取值 0~1
               dat:需要显示的数据以 ASCII 形式显示
 *****************************************************/
void LCD1602_Dis_OneChar(uchar x, uchar y,uchar dat)
{
        if(y) x | = 0x40;
        x | = 0x80;
        LCD1602_Write_Cmd(x);
        LCD1602_Write_Dat(dat);
}
/*****************************************************
 * 函数名称:LCD1602_Dis_Str
 * 函数功能:在指定位置显示字符串
 * 输       入:x:行坐标取值 0~15,y:列坐标取值 0~1
           * str:需要显示的字符串
 *****************************************************/
void LCD1602_Dis_Str(uchar x, uchar y, uchar * str)
{
```

```
        if(y) x | = 0x40;
        x | = 0x80;
        LCD1602_Write_Cmd(x);
        while( * str ! = '\0')
        {
            LCD1602_Write_Dat( * str ++ );
        }
    }
/ ***************************************************
 * 函数名称:Init_LCD1602
 * 函数功能:1602 初始化
 **************************************************** /
void Init_LCD1602()
{
        LCD1602_Write_Cmd(0x38);        //设置 16 * 2 显示,5 * 7 点阵,8 位数据接口
        LCD1602_Write_Cmd(0x0c);        //开显示
        LCD1602_Write_Cmd(0x06);        //读/写一字节后地址指针加 1
        LCD1602_Write_Cmd(0x01);        //清除显示
}
void main()
{
        uchar TestStr[] = {"LCD1602"};
        uchar str[] = {"STC8G"};
        Init_LCD1602();                 //1602 初始化
        LCD1602_Dis_Str(0, 0, &TestStr[0]);   //显示字符串
        LCD1602_Dis_Str(0, 1, &str[0]);       //显示字符串
        while(1);
}
```

4.5.5　键盘操作与应用编程设计

键盘是单片机应用系统中最常用的输入设备,常用于人机交互。按键从结构上分为多种,本书主要讲述轻触式按键。这种轻触式按键在应用中有两种使用方式:独立式键盘和矩阵式键盘。

1. 独立式键盘

任务要求:利用 STC8G 系列单片机设计一个键控流水灯,通过按键实现发光二极管左右依次循环流水。

原理分析:独立式键盘就是各按键相互独立,每个按键占用单片机的一个 I/O 端口。如图 4.19 所示的键盘结构常用于按键数量较少的场合,在应用过程中通过软

件检测 I/O 口线的状态即可完成对按键的识别。特别地,按键属于机械开关,由于机械触点的弹性作用,当一个键被按下时,开关在闭合时往往不会马上稳定地接通,断开时也不会马上断开,存在抖动现象,因此在应用中需要去抖动,可通过延时的方式去抖动,延时时间为 5~10 ms。

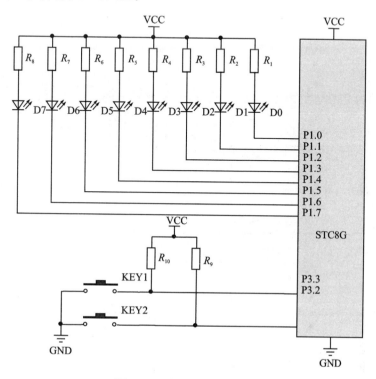

图 4.19　独立式键盘结构图

程序代码如下:

```
# include <stc8G.h>
# include <intrins.h>
sbit key1 = P3^2;
sbit key2 = P3^3;
/ ***********************200 ms 延时程序 *******************/
void Delay200ms()                    //@11.059 2 MHz 时钟延时 200 ms
{
    unsigned char i, j, k;
    _nop_();_nop_();                 //空操作
    i = 9; j = 104; k = 139;
    do{
        do{
            while ( -- k);
```

```
        } while (-- j);
    } while (-- i);
}
/ ***********************  主程序  ***************************** /
void main( )
{
    unsigned char i;
    while(1)
    {
        if(key1 == 0)                    //按键检测
        {
            P1 = 0xFE;
            Delay200ms();
            for(i = 0;i < 8;i ++)        //向左边移动
            {
                P1 = (P1 << 1)|(P1 >> (8 - i - 1));
                Delay200ms();
            }
        }
        if(key2 == 0)                    //按键检测
        {
            P1 = 0x7f;
            Delay200ms();
            for(i = 0;i < 8;i ++)        //向右边移动
            {
                P1 = (P1 >> 1)|(P1 << (8 - i - 1));
                Delay200ms();
            }
        }
    }
}
```

2. 矩阵式键盘

任务要求：利用 STC8G 系列单片机的 I/O 接口设计一个矩阵键盘，要求能将键值通过静态 LED 显示器显示出来，请设计电路和程序。

原理分析：矩阵式（也称行列式）键盘用于按键数目较多的场合，它由行线和列线组成，按键位于行、列交叉点上，如图 4.20 所示。一个 4×4 的行、列结构可以构成一个有 16 个按键的键盘，只需要一个 8 位的并行 I/O 接口即可。如果采用 8×8 的行、列结构，则可以构成一个有 64 个按键的键盘，只需要两个并行 I/O 接口即可。矩阵式键盘常用于按键数目较多的场合，它比独立式键盘节省了较多的 I/O 接口线。

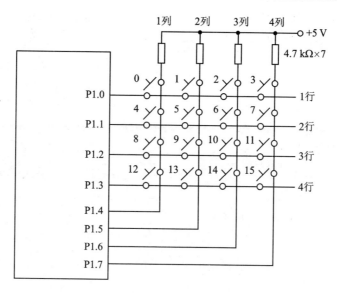

图 4.20　矩阵式键盘结构图

矩阵式键盘的键值获取有两种方式：逐行扫描法和线反转法。

（1）逐行扫描法的键值获取原理

行线：P1.0、P1.1、P1.2、P1.3，作为输出。

列线：P1.4、P1.5、P1.6、P1.7，作为输入。

方法：行线逐行依次置"0"；列线作为输入，并初始化为"1"。

例如，若"0"号键按下，则第一次扫描时：

行输出的状态为：P1.0＝0，P1.1＝1，P1.2＝1，P1.3＝1；

列输入检测的状态为：P1.4＝0，P1.5＝P1.6＝P1.7＝1。

因此，P1 口的状态为：P1＝1110 1110（EEH）。

同理，若"15"号键按下，则逐行扫描到 P1.3＝0，因此，P1＝0111 0111（77H）。
各键值的获取依次类推。各键的键值如表 4.6 所列。

表 4.6　矩阵式键盘键值表

键　号	"0"	"1	"2"	"3"	"4"	"5"	"6"	"7"
键　值	EEH	EDH	EBH	E7H	DEH	DDH	DBH	D7H
键　号	"8	"9"	"10"	"11"	"12"	"13"	"14"	"15"
键　值	BEH	BDH	BBH	B7H	7EH	7DH	7BH	77H

逐行扫描法键值获取程序代码如下：

```
#define KEY    P1                                    //定义矩阵式键盘接口
unsigned char keyscan()
{
    unsigned char Hs,Ls;
    KEY = 0xF0;                                      //行输出,列输入
    if((KEY & 0xf0)! = 0xf0)
    {
        delay(10);
        if((KEY & 0xf0)! = 0xf0)
        {
            Hs = 0xfe;                               //依次置 0
            while((Hs & 0x10)! = 0)
            {
                KEY = Hs;
                if((KEY & 0xf0)! = 0xf0)
                {
                    Ls = KEY & 0xf0;                 //保留高四位
                    Hs = Hs & 0x0f;                  //保留低四位
                    return(Hs + Ls);                 //返回键值
                }
                else
                    Hs = (Hs << 1)|0x01;             //逐行置"0",检测
            }
        }
    }
}
```

(2) 线反转法的键值获取原理

行线:P1.0、P1.1、P1.2、P1.3;

列线:P1.4、P1.5、P1.6、P1.7。

操作方法如下:

第一步:

行线作为输出并全部置"0",列线作为输入并全部置"1"。

例如:若"4"号键被按下,则 $P1.4 = 0$, $H = P1 = 11100000$。$P1.4 = 0$ 仅能说明"0""4""8""12"号键都有可能被按下。

第二步:

反转:行线作为输入并全部置"1",列线作为输出并全部置"0"。

例如:若"4"号键被按下,则 $P1.1 = 0$, $L = P1 = 00001101$。$P1.1 = 0$ 仅能说明"4""5""6""7"号键都有可能被按下。

第三步：

求"或"(求交集)：$H|L = (11100000)|(00001101) = 11101101 = 0xED$("4"号键被按下)。

线反转法键值获取程序代码如下：

```
#define KEY P1                          //定义矩阵式键盘接口
unsigned char keyscan()
{
    uchar Hs,Ls,key_value;
    KEY = 0xF0;                         //行输出置 0,列输入
    if((KEY & 0xF0)! = 0xF0)            //检测键是否被按下
    {
        delay(10);                      //延时去抖
        if((KEY & 0xF0)! = 0x0F)
        {
            Hs = KEY & 0xF0;            //读列线状态
            KEY = 0x0F;                 //反转
            Ls = KEY & 0x0F;            //读行线状态
            key_value = Hs|Ls;          //求交集
            return (key_value );        //返回键值
        }
    }
}
```

任务的硬件电路如图 4.21 所示,矩阵式键盘与 P3 口相连,行线与 P3.0、P3.1、P3.2、P3.3 引脚相连;列线与 P3.4、P3.5、P3.6、P3.7 引脚相连,静态数码管与 P0 口相连。

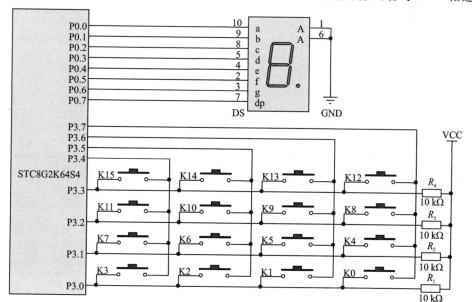

图 4.21　矩阵式键盘应用图

程序代码如下：

```
#include <stc8G.h>
#define KEY P3
unsigned char code leddata[16] = {0x3F,0x06,0x5B,0x4F,0x66,0x6D,0x7D,0x07,0x7F,
                                   0x6F,0x77,0x7C,0x39,0x5E,0x79,0x71};
unsigned char n,key_value;        //定义了本程序的两个全局变量
/*********************** 延时程序 ***************************/
void delay(unsigned int m)
{
    unsigned int i;             //定义延时函数模块内的局部变量 i
    for(i=0;i < m;i++){;}       //形参 m 决定延时的长短,需在 Keil51 虚拟环境中调试
}
/************************** 键值获取程序 ******************/
参考前面的程序 unsigned char keyscan()
/************************** 键值转换程序 ******************/
unsigned char key_transition (unsigned char x)
{
    unsigned char n;
    switch(x)
    {
        case 0xEE: n = 0;        break;
        case 0xED: n = 1;        break;
        case 0xEB: n = 2;        break;
        case 0xE7: n = 3;        break;
        case 0xDE: n = 4;        break;
        case 0xDD: n = 5;        break;
        case 0xDB: n = 6;        break;
        case 0xD7: n = 7;        break;
        case 0xBE: n = 8;        break;
        case 0xBD: n = 9;        break;
        case 0xBB: n = 10;       break;
        case 0xB7: n = 11;       break;
        case 0x7E: n = 12;       break;
        case 0x7D: n = 13;       break;
        case 0x7B: n = 14;       break;
        case 0x77: n = 15;       break;
        default:                 break;
    }
    return (n);
}
/*********************** 主程序 ***************************/
void main()
{
    while(1)
    {
        keyvalue = keyscan();
```

```
        n = key_transition(keyvalue);
        P0 = leddata [n];
    }
}
```

本章小结

STC8G2K64S4 单片机最多有 45 个 I/O 口(如 48 脚单片机):P0.0～P0.7,P1.0～P1.7,P2.0～P2.7,P3.0～P3.7,P4.0～P4.7,P5.0～P5.4。通过设置可使 P0～P5 接口工作于准双向工作模式、推挽输出工作模式、高阻输入工作模式、开漏工作模式;也可对对外输出速度、电流驱动能力、数字/模拟控制、施密特触发控制等功能进行设置。

通用 I/O 接口应用非常广泛,可应用于人机交互、与其他芯片的接口(例如 LED、LCD 显示)、键盘操作和电机控制等。

本章习题

一、填空题

1. LED 数码管按内部发光二极管的极性可分为:共阳极和_____两种。

2. LED 数码管可显示_____和 A～F 及小数点"."等字符。

3. STC8G2K64S4 单片机最多有_____个 I/O 口(如 48 脚单片机)。

4. LED 数码管在应用时有_____和_____两种显示方式。

5. 为保证每次按键动作的可靠性,一般应采用软件_____。

6. 当单片机有 8 位 I/O 口线用于扩展键盘,若采用独立式键盘结构,则可扩展_____个按键;若采用矩阵式键盘结构,则最多可扩展_____个按键。

二、选择题

1. 当 P1M1=10H、P1M0=56H 时,P1.7 处于_____工作模式。

　A. 准双向　　　　B. 推挽输出　　　　C. 高阻输入　　　　D. 开漏

2. 当 P0M1=33H、P0M0=55H 时,P0.6 处于_____工作模式。

　A. 准双向　　　　B. 推挽输出　　　　C. 高阻输入　　　　D. 开漏

3. 若要显示"0",则共阳极数码管的字型编码为_____。

　A. 0xC0　　　　B. 0xA0　　　　C. 0xB0　　　　D. 0xD0

4. 若 LED 数码管为共阴极结构,则字符"0"的字型码为_____。

　A. 0x3F　　　　B. 0xC0　　　　C. 0x4F　　　　D. 0x2F

5. 按键的机械抖动时间一般为_____。

　A. 1～5 μs　　　　B. 5～10 ms　　　　C. 10～15 s　　　　D. 15～20 s

三、判断题

1. 在 STC8G2K64S4 单片机复位后,所有 I/O 口引脚都处于准双向口工作模式。(　　)

2. 在开漏工作模式下,I/O 口在应用时一定要外接上拉电阻。(　　)

3. 对于 STC8G2K64S4 单片机,除了电源、地和特殊引脚外,其余各引脚都可用作 I/O 口。(　　)

四、简答题

1. 请用 STC8G2K64S4 单片机设计一个流水灯,要求能实现左、右流水。

2. 请用 STC8G2K64S4 单片机设计一个按键计数器,要求能实现加减计数,并能显示 4 位数字。

第 5 章　中断系统及外部中断应用

教学目标

【知识】

(1) 深刻理解计算机系统中的中断的含义。

(2) 掌握 STC8G2K64S4 单片机中断系统的组成结构及各相关寄存器的配置。

(3) 掌握 STC8G2K64S4 单片机的外部中断结构及其应用。

【能力】

(1) 能根据实际应用项目,灵活配置 STC8G2K64S4 单片机的中断相关寄存器。

(2) 具备灵活应用 STC8G2K64S4 单片机外部中断解决实际问题的能力。

5.1　中断系统概述

在单片机系统中,CPU 与外部设备之间不断进行着信息传输。通常,CPU 与外设之间的信息传送方式有程序控制方式、直接存储器存取(DMA)方式和中断方式。

1. 程序控制方式

(1) 无条件传送方式

外设始终处于就绪状态,CPU 不必查询外设的状态而直接进行信息传输,称这种方式为无条件传送方式。此种信息传送方式只适用于简单的外设,如开关和数码段显示器等。

(2) 条件传送方式

CPU 通过执行程序不断读取并测试外部设备的状态,如果输入设备处于准备好状态或输出设备为空闲状态,则 CPU 执行传送信息操作。由于条件传送方式需要 CPU 不断查询外部设备的状态,然后才进行信息传送,所以也称这种方式为"查询式传送"。

2. 直接存储器存取(DMA)方式

DMA 方式主要用于存储器与外设之间进行直接传送或块传输。DMA 方式的速度高、效率高,可与 CPU 并行工作。

3. 中断方式

所谓中断,是指在程序执行过程中,当中央处理单元 CPU 正在处理某件事的时候,外界(外围设备)发生了紧急事件请求,要求 CPU 暂停当前工作,转为处理该紧急事件相应的中断服务程序,在完成中断服务程序后,CPU 返回继续执行被打断的程序,这个过程称为中断。实现这种功能的部件称为中断系统。

中断是计算机系统中的一个重要功能,是为使 CPU 具有对外界紧急事件进行实时处理能力而设置的,主要用于实时监测与控制,它既与硬件有关,又与软件有关。正是因为有了中断技术,才使得计算机的工作更加灵活,效率更高。现代计算机操作系统中实现的管理调度,其物质基础就是丰富的中断功能和完善的中断系统。中断技术的出现使得计算机的发展和应用大大前进了一步,中断功能的强弱已成为衡量一台计算机功能完善与否的重要指标。

请求 CPU 中断的请求事件源称为中断源。微型计算机系统中一般允许有多个中断源,当这些中断源同时向 CPU 请求中断时,就存在 CPU 应该响应哪一个中断请求的问题,CPU 要对各个中断源确定一个优先等级,称为中断优先级,CPU 总是响应中断优先级别高的中断请求。

当 CPU 正在处理某个中断源请求时,又发生了另外一个优先级比它高的中断源请求,此时,如果 CPU 能够暂停当前的中断服务,转而去处理优先级更高的中断请求源,并在处理完成后再返回原中断服务,则称这样的过程为中断嵌套。

当一个中断源发生中断后,其中断响应过程示意图如图 5.1 所示。一个完整的中断过程包括 4 个步骤:中断请求,中断响应,中断服务,中断返回。

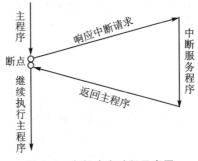

图 5.1　中断响应过程示意图

5.2　STC8G 系列单片机的中断系统结构

STC8G 系列单片机的中断系统结构如图 5.2 所示,由包含最多 22 类 30 个中断源、2 级中断允许控制、4 级中断优先级控制构成。当某中断发生后,其中断标志位即置为逻辑"1",通过中断允许开关,由优先级控制机制判断后,将中断标志传送给内核,响应一次中断。

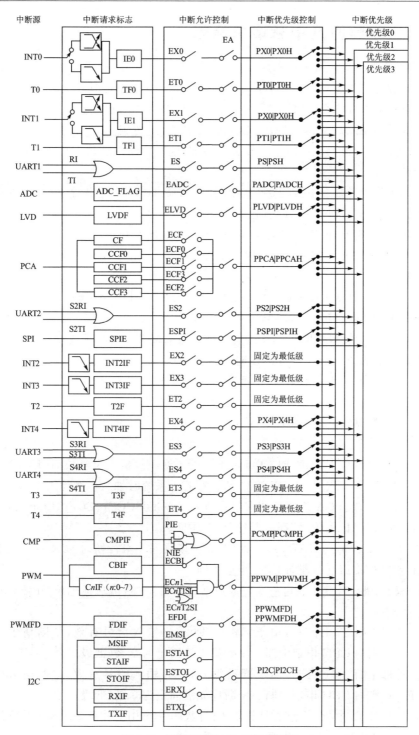

图 5.2　STC8G2K64S4 中断结构图

5.2.1　中断源及中断请求标志

STC8G 系列单片机的中断源多达 22 类 30 个,若中断行为发生,则对应的中断请求标志位被置为逻辑"1",并通过中断允许开关、中断优先级开关传送给内核。中断请求寄存器有 TCON、AUXINTIF、SCON 等寄存器,各中断源请求标志是:

① 外部中断 0(INT0):外部中断 0 引脚 P3.2 的逻辑电平变化由下降沿触发或者双边沿触发(上升沿或下降沿),设置寄存器 TCON 的中断请求标志位 IE0=1,即引起中断。

② 定时/计数器 0 中断(T0):当定时/计数器 T0 计满溢出时,使寄存器 TCON 的中断请求标志位 TF0=1,即引起中断。

③ 外部中断 1(INT1):外部中断 1 引脚 P3.3 的逻辑电平变化由下降沿触发或者双边沿触发(上升沿或下降沿),设置寄存器 TCON 的中断请求标志位 IE1=1,即引起中断。

④ 定时/计数器 1 中断(T1):当定时/计数器 T1 计满溢出时,使寄存器 TCON 的中断请求标志位 TF1=1,即引起中断。

⑤ 串行通信接口中断(UART1):当串行通信接口 1 接收到或发送完一帧数据,使中断请求标志位 RI=1 或 TI=1 时,即引起中断。

⑥ ADC 中断:当 A/D 转换结束,使中断请求标志位 ADC_Flag=1 时,引起一次中断。

⑦ 片内电源低压检测中断(LVD):当检测到电源为低电压时,使中断请求标志位 LVDF=1;当上电复位时,由于电源电压上升有一个过程,因此低压检测电路会检测到低电压,并置位 LVDF,向 CPU 申请中断。在单片机上电复位后,LVDF=1,若需应用 LVDF,则需先对 LVDF 清 0,然后在若干系统时钟后再次检测 LVDF。

⑧ PCA 中断:PCA 的中断请求信号由 CF、CCF0、CCF1、CCF2、CCF3 标志共同形成,其中的任一标志为"1"都可引发 PCA 中断。

⑨ 串行口 2 中断(UART2):当串行口 2 接收完一串行帧时 S2RI=1,或者发送完一串行帧时 S2TI=1,即向 CPU 申请中断。

⑩ SPI 中断:当 SPI 端口一次完成数据传输时,中断请求标志位 SPIF=1,即向 CPU 申请中断。

⑪ 外部中断 2 (INT2):由下降沿触发,一旦输入信号有效,中断请求标志位 INT2IF=1,则向 CPU 申请中断。中断优先级固定为 0 级(低级)。

⑫ 外部中断 3 (INT3):由下降沿触发,一旦输入信号有效,中断请求标志位 INT2IF=1,则向 CPU 申请中断。中断优先级固定为 0 级(低级)。

⑬ 定时器 T2 中断:当定时/计数器 T2 计数产生溢出时,中断请求标志位 T2IF=1,即向 CPU 申请中断。中断优先级固定为 0 级(低级)。

⑭ 外部中断 4(INT4):由下降沿触发,一旦输入信号有效,中断请求标志位 INT2IF＝1,则向 CPU 申请中断。中断优先级固定为 0 级(低级)。

⑮ 串行口 3 中断(UART3):当串行口 3 接收完一串行帧时 S3RI＝1,或者发送完一串行帧时 S3TI＝1,即向 CPU 申请中断。

⑯ 串行口 4 中断(UART4):当串行口 4 接收完一串行帧时 S4RI＝1,或者发送完一串行帧时 S4TI＝1,即向 CPU 申请中断。

⑰ 定时器 T3 中断:当定时/计数器 T3 计数产生溢出时,中断请求标志位 T3IF＝1,即向 CPU 申请中断。中断优先级固定为 0 级(低级)。

⑱ 定时器 T4 中断:当定时/计数器 T4 计数产生溢出时,中断请求标志位 T4IF＝1,即向 CPU 申请中断。中断优先级固定为 0 级(低级)。

⑲ 比较器 CMP 中断:当比较器输出产生上升沿或下降沿时,中断请求标志位 CMPIF＝1,即引起中断。

⑳ PWM 中断:PWM 通道 0～7 中断请求可引起中断。

㉑ PWMFD 中断:PWM 异常检测中断请求可引起中断。

㉒ I2C 中断:I2C 主、从机发送或接收完数据可引起中断。

5.2.2 中断允许控制

STC8G 系列单片机的中断允许控制由两级构成,第一级是片上各模块的中断开关,第二级是中断总开关,分别由 IE、IE2、INTCLKO、CMPCR1、I2C 控制寄存器和 PWM 控制寄存器进行控制。本小节重点讲述前 3 个中断允许控制寄存器,详见表 5.1。其他中断允许控制寄存器的使用请参阅相关章节或数据手册。

表 5.1 STC8G 系列单片机的中断允许控制位

寄存器名	B7	B6	B5	B4	B3	B2	B1	B0
IE	EA	ELVD	EADC	ES	ET1	EX1	ET0	EX0
IE2	—	ET4	ET3	ES4	ES3	ET2	ESPI	ES2
INTCLKO	—	EX4	EX3	EX2	—	T2CLKO	T1CLKO	T0CLKO

1. 中断允许控制寄存器 IE

控制位的含义是:

① EX0:外部中断 0 (INT0)的中断允许位。EX0＝1,允许外部中断 0 中断;EX0＝0,禁止外部中断 0 中断。

② ET0:定时器 T0 中断允许位。ET0＝1,允许 T0 中断;ET0＝0,禁止 T0 中断。

③ EX1:外部中断 1(INT1)的中断允许位。EXI＝1,允许外部中断 1 中断;EX1＝0,禁止外部中断 1 中断。

④ ETI:定时器 T1 中断允许位。ET1＝1,允许 T1 中断;ET1＝0,禁止 T1中断。

⑤ ES:串行口 1 中断允许位。ES＝1,允许串行口 1 中断;ES ＝0,禁止串行口 1中断。

⑥ EADC:A/D 转换中断的中断允许位。EADC＝1,允许 A/D 转换中断;EADC＝0,禁止 A/D 转换中断。

⑦ ELVD:片内电源低压检测中断(LVD) 的中断允许位。ELVD＝1,允许LVD 中断;ELVD＝0,禁止 LVD 中断。

⑧ EA:总中断允许控制位。EA＝1,开放所有中断(CPU 允许中断),各中断源的允许和禁止可通过相应的中断允许位单独控制;EA ＝0,禁止所有中断。

2. 中断允许控制寄存器 IE2

控制位的含义是:

① ES2:串行口 2 中断允许位。ES2＝1,允许串行口 2 中断;ES2＝0,禁止串行口 2 中断。

② ESPI:SPI 中断的中断允许位。ESPI＝1,允许 SPI 中断;ESPI＝0,禁止 SPI中断。

③ ET2:定时器 T2 中断允许位。ET2＝1,允许定时器 T2 中断;ET2＝0,禁止定时器 T2 中断。

④ ES3:串行口 3 中断允许位。ES3＝1,允许串行口 3 中断;ES3＝0,禁止串行口 3 中断。

⑤ ES4:串行口 4 中断允许位。ES4＝1,允许串行口 4 中断;ES4＝0,禁止串行口 4 中断。

⑥ ET3:定时器 T3 中断允许位。ET3＝1,允许定时器 T3 中断;ET3＝0,禁止定时器 T3 中断。

⑦ ET4:定时器 T4 中断允许位。ET4＝1,允许定时器 T4 中断;ET4＝0,禁止定时器 T4 中断。

3. 中断允许控制寄存器 INTCLKO

控制位的含义是:

① EX2:外部中断 2(INT2)的中断允许位。EX2＝1,允许外部中断 2 中断;EX2 ＝0,禁止外部中断 2 中断。

② EX3:外部中断 3(INT3)的中断允许位。EX3＝1,允许外部中断 3 中断;EX3 ＝0,禁止外部中断 3 中断。

③ EX4:外部中断4(INT4)的中断允许位。EX4＝1,允许外部中断 4 中断;EX4＝0,禁止外部中断 4 中断。

5.2.3　中断优先级设置

　　STC8G 系列单片机的中断源有 4 个优先等级(除 INT2、INT3、定时器 2、定时器 3 和定时器 4 外),每个中断源可由优先级寄存器进行配置。中断优先级运行的原则是:低优先级可被高优先级中断;任何一种中断一旦得到响应,不会再被它的同级中断源或低级中断源所中断;同级中断优先级按照自然优先的顺序执行,外部中断 0 最高,I2C 中断最低。中断优先级的设置保证了当多个中断源同时发生中断时 CPU 响应中断的顺序。中断优先级寄存器如表 5.2 所列。

表 5.2　STC8G 系列单片机的中断优先级寄存器

寄存器名	B7	B6	B5	B4	B3	B2	B1	B0
IP	PPCA	PLVD	PADC	PS	PT1	PX1	PT0	PX0
IPH	PPCAH	PLVDH	PADCH	PSH	PT1H	PX1H	PT0H	PX0H
IP2	PPWM2FD|PTKSU	PI2C	PCMP	PX4	PPWM0FD	PPWM0	PSPI	PS2
IP2H	PPWM2FDH|PTKSUH	PI2CH	PCMPH	PX4H	PPWM0FDH	PPWM0H	PSPIH	PS2H
IP3	PPWM4FD	PPWM5	PPWM4	PPWM3	PPWM2	PPWM1	PS4	PS3
IP3H	PPWM4FDH	PPWM5H	PPWM4HH	PPWM3	PPWM2H	PPWM1H	PS4H	PS3H

　　寄存器 IP 与 IPH、IP2 与 IP2H、IP3 与 IP3H 是成对实现对优先级配置的,其配置的优先级如表 5.3 所列,PnH、Pn 中的 n 代表相应的中断源。

表 5.3　STC8G 系列单片机的中断优先级配置

PnH	Pn	优先等级
0	0	中断优先级为 0 级,最低优先级
0	1	中断优先级为 1 级,较低优先级
1	0	中断优先级为 2 级,较高优先级
1	1	中断优先级为 3 级,最高优先级

例如,要将外部中断 0 设置为最高优先级,则寄存器 IPH 的位 PX0H＝1,寄存器 IP 的位 PX0＝1;如果设置为较低优先级,则寄存器 IPH 的位 PX0H＝0,寄存器 IP 的位 PX0＝1。在程序执行过程中,优先级高的中断先执行,优先级低的后执行,若优先级等级一样,则按照自然优先级执行,外部中断 0 优先级最高,其他依次。

5.3　STC8G 系列单片机的中断响应

5.3.1　中断响应条件

STC8G 系列单片机中断请求响应的条件是:

① 各中断源的中断请求标志位置"1"。

② 各中断源的中断允许控制开关置"1"。

③ 中断的总开关 EA＝1。

④ 无同级或更高级中断正在处理。

中断响应就是 CPU 对中断源提出的请求进行接受处理,当 CPU 检查到有效的中断请求后,按照用户设置的优先级,响应相应的中断。

5.3.2　中断响应过程

STC8G 系列单片机响应中断后,由硬件自动执行如下的功能操作:

① 根据中断请求的优先级高低,将相应的优先级状态触发器置"1"。

② 保护现场,即把 PC 的内容和与 CPU 相关的寄存器内容压入堆栈保存。

③ 清除内部硬件可清除的中断请求标志位(如 IE0、IE1、TF0、TF1 等)。

④ 把被响应的中断服务程序入口地址送入 PC 中,从而转入相应的中断服务程序执行。

各中断的中断服务程序的入口地址、中断编号、优先级控制位、优先级、中断请求标志位、中断允许控制位如表 5.4 所列。

表 5.4　STC8G 系列单片机的中断列表

中断源	入口地址	中断编号	优先级控制位	优先级	中断请求标志位	中断允许控制位
INT0	0003H	0	PX0H|PX0	0|1|2|3	IE0	EX0
T0	000BH	1	PT0H|PT0	0|1|2|3	TF0	ET0
INT1	0013H	2	PX1H|PX1	0|1|2|3	IE1	EX1
T1	001BH	3	PT1H|PT1	0|1|2|3	TF1	ET1
UART1	0023H	4	PSH|PS	0|1|2|3	RI|TI	ES

续表 5.4

中断源	入口地址	中断编号	优先级控制位	优先级	中断请求标志位	中断允许控制位
ADC	002BH	5	PADCH|PADC	0|1|2|3	ADC_FLAG	EADC
LVD	0033H	6	PLVDH|PLVD	0|1|2|3	LVDF	ELVD
PCA	003BH	7	PPCAH|PPCA	0|1|2|3	CF	ECF
					CCF0	ECCF0
					CCF1	ECCF1
					CCF2	ECCF2
					CCF3	ECCF3
UART2	0043H	8	PS2H|PS2	0|1|2|3	S2RI|S2TI	ES2
SPI	004BH	9	PSPIH|PSPI	0|1|2|3	SPIF	ESPI
INT2	0053H	10	—	0	INT2IF	EX2
INT3	005BH	11	—	0	INT3IF	EX3
T2	0063H	12	—	0	T2IF	ET2
INT4	0083	16	PX4H|PX4	0|1|2|3	INT4IF	EX4
UART3	008BH	17	PS3H|PS3	0|1|2|3	S3RI|S3TI	ES3
UART4	0093H	18	PS4H|PS4	0|1|2|3	S4RI|S4TI	ES4
T3	009BH	19	—	0	T3IF	ET3
T4	00A3H	20	—	0	T4IF	ET4
CMP	00ABH	21	PCMPH|PCM	0|1|2|3	CMPIF	PIE|NIE
PWM0	00B3H	22	PPWM0H|PPWM0	0|1|2|3	CBIF	ECBI
					$CnIF$	ECnI&ECnT1SI
						ECnI&ECnT2SI
PWM0FD	00BBH	23	PPWM0FDH|PPWM0FD	0|1|2|3	FDIF	EFDI
I2C	00C3H	24	PI2CH|PI2C	0|1|2|3	MSIF	EMSI
					STAIF	ESTAI
					RXIF	ERXI
					TXIF	ETXI
					STOIF	ESTOI

中断源	入口地址	中断编号	优先级控制位	优先级	中断请求标志位	中断允许控制位
PWM1	00E3H	28	PPWM1H|PPWM1	0|1|2|3	CBIF	ECBI
					C_nIF	EC_nI&EC_nT1SI
						EC_nI&EC_nT2SI
PWM2	00EBH	29	PPWM2H|PPWM2	0|1|2|3	CBIF	ECBI
					C_nIF	EC_nI&EC_nT1SI
						EC_nI&EC_nT2SI
PWM3	00F3H	30	PPWM3H|PPWM3	0|1|2|3	CBIF	ECBI
					C_nIF	EC_nI&EC_nT1SI
						EC_nI&EC_nT2SI
PWM4	00FBH	31	PPWM4H|PPWM4	0|1|2|3	CBIF	ECBI
					C_nIF	EC_nI&EC_nT1SI
						EC_nI&EC_nT2SI
PWM5	0103H	32	PPWM5H|PPWM5	0|1|2|3	CBIF	ECBI
					C_nIF	EC_nI&EC_nT1SI
						EC_nI&EC_nT2SI
PWM2FD	010BH	33	PPWM2FDH|PPWM2FD	0|1|2|3	FDIF	EFDI
PWM4FD	010BH	34	PPWM4FDH|PPWM4FD	0|1|2|3	FDIF	EFDI
TKSU	011BH	35	PTKSUH|PTKSU	0|1|2|3	TKIF	ETKSUI

注:"n"表示 0~7。

5.4 STC8G 系列单片机的外部中断及应用开发案例

5.4.1 STC8G 系列单片机外部中断寄存器配置

STC8G2K64S4 单片机的外部中断共有 5 路,分别是外部中断 0(INT0)、外部中断 1(INT1)、外部中断 2(INT2)、外部中断 3(INT3)、外部中断 4(INT4),通常用于按键识别、传感器数据检测等场合。外部中断应用相关的寄存器配置如表 5.5 所列。

表 5.5　外部中断相应的寄存器配置表

编　号	中断源	引　脚	触发方式	中断允许控制位	中断请求标志位	优先级控制位
0	INT0	P3.2	TCON.0(IT0)： =0,上升沿|下降沿； =1,下降沿	IE.0(EX0)： =0,禁止； =1,允许	TCON.1(IE0)	PX0H|PX0： =00,最低； =01,较低； =10,较高； =11,最高
2	INT1	P3.3	TCON.2(IT1)： =0,上升沿|下降沿； =1,下降沿	IE.2(EX1)： =0,禁止； =1,允许	TCON.3(IE1)	PX1H|PX1： =00,最低； =01,较低； =10,较高； =11,最高
10	INT2	P3.6	下降沿	INT_CLKO.4 (EX2)	隐藏	=0,最低
11	INT3	P3.7	下降沿	INT_CLKO.5 (EX3)	隐藏	=0,最低
16	INT4	P3.0	下降沿	INT_CLKO.6 (EX4)	隐藏	PX4H|PX4： =00,最低； =01,较低； =10,较高； =11,最高

用 C 语言编写中断服务程序时,中断编号与各中断源是一一对应的,例如：

```
void   int0_isr( ) interrupt 0        /* 外部中断 0 中断服务函数 */
void   int1_isr( ) interrupt 2        /* 外部中断 1 中断服务函数 */
void   int2_isr( ) interrupt 10       /* 外部中断 2 中断服务函数 */
void   int3_isr( ) interrupt 11       /* 外部中断 3 中断服务函数 */
void   int4_isr( ) interrupt 16       /* 外部中断 4 中断服务函数 */
```

5.4.2　外部中断应用

例 5.1　利用外部中断 0,实现用与引脚 P3.2 和 P3.3 连接的按键来控制与 P1 口连接的发光二极管,使发光二极管闪烁点亮,电路原理图如图 5.3 所示。

分析:根据题意采用外部中断 0,选择下降沿触发方式;因 LED 灯的驱动信号是低电平发光,故设 LED 灯的驱动初始值为 FFH。程序代码如下:

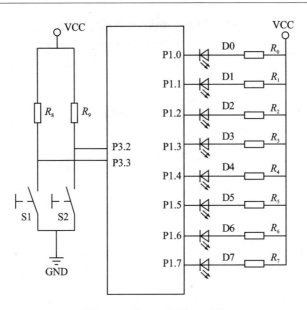

图 5.3   例 5.1 和例 5.2 图

```
#include <stc8G.H>          //包含单片机的寄存器定义文件
unsigned char i = 0xFF;
/***************** 外部中断 0 中断函数 *****************/
void int0_isr( ) interrupt 0
{
    P1 = ~P1;   按位取反
}
/***************** 主函数 *****************************/
void main(void)
{
    IT0 = 1;              //设置边沿触发方式
    EX0 = 1;              //开放外部中断 0
    EA = 1;               //开放总中断
    P1 = 0xFF;            //二极管全熄灭
    while(1);             //原地踏步,模拟主程序
}
```

例 5.2   利用外部中断 0 和外部中断 1,实现用与引脚 P3.2 和 P3.3 连接的按键来控制与 P1 口连接的发光二极管,如图 5.3 所示,使发光二极管在发生外部中断 0 时,从上向下循环点亮;在发生外部中断 1 时,从下向上循环点亮。

分析:设置外部中断 0 和 1 的触发方式均为下降沿触发,外部中断 1 的优先级为最高等级,外部中断 0 的优先级为最低等级。程序代码如下:

```
# include <stc8G.h>
# include <intrins.h>
sbit key1 = P3^2;
sbit key2 = P3^3;
unsigned char i;
/******************200 ms 延时函数 **********************/
void Delay200ms()                        //@11.059 2 MHz 时钟延时 200 ms
{
    unsigned char i, j, k;
    _nop_();_nop_();                     //空操作
    i = 9; j = 104; k = 139;
    do{
        do{
            while (--k);
        } while (-- j);
    } while (-- i);
}
/******************外部中断 0 服务程序 *****************/
void Int0_isr( ) interrupt 0
{
    if(key1 == 0)
    {
        P1 = 0xFE;
        Delay200ms();
        for(i = 0;i < 8;i++)             //向下边移动
        {
            P1 = (P1 << 1)|(P1 >> (8 - i - 1));
            Delay200ms();
        }
    }
}
/******************外部中断 1 服务程序 *****************/
void Int1_isr( ) interrupt 2
{
    if(key2 == 0)
    {
        P1 = 0x7f;
        Delay200ms();
        for(i = 0;i < 8;i++)             //向上边移动
        {
            P1 = (P1 >> 1)|(P1 << (8 - i - 1));
```

```
                    Delay200ms();
            }
        }
    }
/ *********************** 主程序 *********************** /
void main( )
{
    ITO = 1;                        //设置边沿触发方式
    EX0 = 1;                        //开放外部中断 0
    IT1 = 1;                        //设置边沿触发方式
    EX1 = 1;                        //开放外部中断 1
    IP = 0x04;                      //优先级设置 INT1 为最高
    IPH = 0x04;
    EA = 1 ;
    while(1);
}
```

本章小结

所谓中断,即指在程序执行过程中,当中央处理单元 CPU 正在处理某件事的时候,外界(外围设备)发生了紧急事件请求,要求 CPU 暂停当前工作,转为处理该紧急事件相应的中断服务程序,在完成中断服务程序后,CPU 返回继续执行被打断的程序,这个过程称为中断。

中断处理过程包括中断使能、中断请求、中断响应、中断服务和中断返回。

STC8G2K64S4 单片机的中断源有 22 类 30 个,包括 2 级中断允许控制,由控制寄存器 IE、IE2、INTCLKO、CMPCR1、I2C 和 PWM 进行设置。有 4 级中断优先级(除 INT2、INT3、定时器 2、定时器 3 和定时器 4 外),每个中断源可由优先级寄存器进行配置。中断优先级运行的原则是:低优先级可被高优先级中断;任何一种中断一旦得到响应,不会再被它的同级中断源或低级中断源所中断;同级中断优先级按照自然优先的顺序执行,外部中断 0 最高,I2C 中断最低。

本章习题

一、填空题

1. 在中断服务方式中,CPU 与外部设备按_____工作。

2. 在单片机系统中,CPU 与外部设备之间的传输方式有_____、

_____、_____。

3. 中断过程包括_____、_____、_____、_____、_____五个过程。

4. STC8G 系列单片机中断的总开关是_____。

5. STC8G 系列单片机的外部中断 0(INT0)的中断触发方式有_____、_____。

6. STC8G 系列单片机的外部中断 0(INT0)的引脚是_____,外部中断 1 (INT1)的引脚是_____,外部中断 2(INT2)的引脚是_____,外部中断 3 (INT3)的引脚是_____,外部中断 4(INT4)的引脚是_____。

7. 外部中断 0(INT0)的中断允许控制位是_____,外部中断 1(INT1)的中断允许控制位是_____。

8. 外部中断 0(INT0)的优先级寄存器是_____,外部中断 1(INT1)的优先级寄存器是_____。

二、选择题

1. 执行设置语句"EA=1;EX0=1;EX1=1;"后,下列正确的是_____。

A. 使能外部中断 0　　　　　　　B. 使能外部中断 1

C. 使能外部中断 0 和 1　　　　　D. 不确定

2. 设置外部中断 0 为下降沿触发,下列正确的语句是_____。

A. IT0=1　　　B. IT1=1　　　C. IT0=0　　　D. IT1=0

3. 若设置 IT1=1,则外部中断 1 的中断触发方式是_____。

A. 下降沿触发　　　　　　　　　B. 上升沿触发

C. 上升沿和下降沿触发　　　　　D. 低电平触发

4. 若设置外部中断 1 的优先级为最高,则下列正确的是_____。

A. PX1H|PX1=11　　　　　　　　B. PX1H|PX1=10

C. PX1H|PX1=01　　　　　　　　D. PX1H|PX1=00

三、判断题

1. 中断服务程序是可以带返回值的。(　　)

2. 在 STC8G 系列单片机的应用中只要发生中断,CPU 就一定会响应中断服务。(　　)

3. 中断服务函数和普通函数一样可被主函数调用。(　　)

4. 外部中断 0 和 1 的中断触发方式有下降沿触发和低电平触发。(　　)

5. STC8G 系列单片机的中断优先级有 4 个等级。(　　)

四、简答题

1. 请简述 STC8G 系列单片机的中断过程。

2. 请利用外部中断设计一个按键计数器,要求能实现加 1 和减 1 计数,并能通过 LED 显示计数过程。

第 6 章 定时/计数器结构及应用

教学目标

【知识】

（1）深刻理解并掌握定时/计数实现的方式，以及定时/计数器的基本结构和工作原理。

（2）掌握 STC8G2K64S4 单片机的定时器 T0～T4 的内部组成结构、基准时钟源的选择方法、工作模式的配置、溢出标志和中断配置。

（3）掌握 STC8G2K64S4 单片机的定时器 T0～T4 的寄存器配置步骤和应用程序设计。

【能力】

（1）具有分析定时/计数器应用系统的能力。

（2）具有配置 STC8G2K64S4 单片机的定时器 T0～T4 的寄存器的能力。

（3）具有应用 STC8G2K64S4 单片机的定时器 T0～T4 进行实际开发的能力。

6.1 定时/计数器的工作原理

在单片机应用系统中，定时/计数技术具有极其重要的作用，可以提供在单片机与外部设备之间的定时控制和对外部事件的计数功能。例如，在测控系统中，往往需要提供周期性的时钟信号，以实现对设备的控制和数据的读取。可供选择的定时方法有软件定时、硬件定时和可编程定时器定时。

1. 软件定时

让 CPU 循环执行一段程序，通过选择指令和安排循环次数以实现软件定时。软件定时要完全占用 CPU，增加 CPU 开销，降低 CPU 的工作效率，因此软件定时的时间不宜太长，仅适用于 CPU 较空闲的程序中。例如，如下的 5 ms 软件定时程序：

```
void Delay5ms()          //@11.059 2 MHz
{
    unsigned char i, j;
```

```
    i = 54;
    j = 199;
    do
    {
        while (-- j);
    } while (-- i);
}
```

2. 硬件定时

硬件定时的特点是定时功能全部由硬件电路实现,不占用 CPU 时间;但需要改变电路的参数来调节定时时间,因此,在使用上不够方便,同时也增加了硬件成本。例如,由数字逻辑电路 CC40161 构成的硬件定时器,其工作原理图如图 6.1 所示。D3～D0 为预置数据初值,Q3～Q0 为计数状态端,CO 为计数溢出端,CLK 为基准时钟输入端,$\overline{\text{CR}}$ 为清零端,$\overline{\text{LD}}$ 为置数端。例如,$f_{clk}=1\,\text{Hz}$,从 0000 开始计数,则 16 s 后 CC40161 的 Q3～Q0 为 1111,表示计数已满,CO 溢出端输出 1。假设要定时 10 s,则需要设置初值为 0110 即可使 CO 为 1,表示 10 s 时间到。

定时器的实质是通过计数器对基准时钟进行计数,计数的实质是通过计数器统计脉冲的个数。计数器有加 1 计数或减 1 计数两种形式。

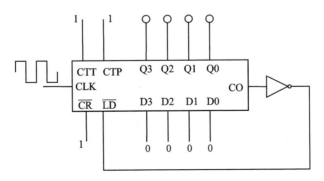

图 6.1　硬件定时器 CC40161 的工作原理图

3. 可编程定时器定时

可编程定时器是由逻辑门电路结合软件配置组成的,其定时值及定时范围是通过软件配置对应的寄存器来确定和修改的。STC8G2K64S4 单片机内部有 5 个 16 位的定时/计数器(T0、T1、T2、T3 和 T4),通过对系统时钟或外部输入信号进行计数与控制,可以方便地用于定时控制和事件记录,或者用作分频器。

6.2 STC8G 系列单片机定时/计数器(T0/T1) 的结构

定时/计数器的核心部件为可预置初值计数器,预置初值后开始计数,直至计数值计满产生溢出,或者申请中断。图 6.2 所示为 STC8G2K64S4 单片机的 16 位定时/计数器 T0 和 T1 的组成结构图。定时/计数器 T0 和 T1 的基准时钟源来自系统时钟 f_{SYSclk} 的 1 分频或 12 分频,由寄存器 AUXR 中的 T0x12 位和 T1x12 位设置;THx 和 TLx(x 为 0 代表 T0,x 为 1 代表 T1)为定时/计数器的计数值寄存器,可以实现最大 16 位的加 1 计数;TFx(x 为 0 代表 T0,x 为 1 代表 T1)为计满溢出标志位;工作方式寄存器 TMOD 配置定时/计数器的工作方式、定时和计数模式;控制寄存器 TCON 控制定时/计数器的启停和计数器计满溢出标志。引脚 P3.4 和 P3.5 分别为定时/计数器 T0 和 T1 的外部计数脉冲输入端。

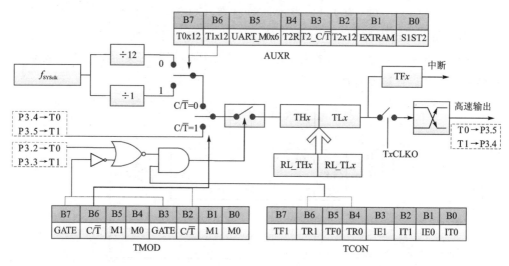

图 6.2 T0、T1 的电路结构图

加 1 计数器的脉冲有两个来源:一个是外部脉冲源 T0 (P3.4)、T1 (P3.5),另一个是系统时钟信号。计数器对两个脉冲源之一进行输入计数,每输入一个脉冲,计数值加 1,当计数到计数器值为全 1 时,再输入一个脉冲就使计数值回零,同时使计数器计满溢出标志位 TF0 或 TF1 置 1,并向 CPU 发出中断请求。

定时功能:当脉冲源为系统时钟(等间隔脉冲序列)时,由于计数脉冲是时间的基准,故脉冲数乘以计数脉冲周期(系统周期或 12 倍系统周期)就是定时时间。

计数功能:当脉冲源为外部输入脉冲(由 P3.4 或 P3.5 引脚输入)时,定时/计数器就是外部事件的计数器,当计数器在其对应的引脚 P3.4 或 P3.5 上有一个负跳变时,计数器的状态值加 1。虽然外部输入信号的速率不受限制,但必须保证给出的电平在变化之前至少被采样一次。

1. 定时/计数器 T0、T1 的工作方式寄存器 TMOD

TMOD 寄存器用于设置定时/计数器 T0 和 T1 的工作方式,其地址为 89H。该寄存器在应用时只通过字节进行读/写操作,其各位的功能如下:

寄存器	B7	B6	B5	B4	B3	B2	B1	B0
TMOD	GATE	$C/\overline{T}$	M1	M0	GATE	$C/\overline{T}$	M1	M0

(1) GATE:门控信号

GATE=0,运行只受 TCON 中运行控制位 TR0/TR1 的控制。

GATE=1,运行同时受 TR0/TR1 和外部中断输入信号的双重控制,只有当 INT0/INT1=1 且 TR0/TR1=1 时,T0/T1 才能运行。

(2) $C/\overline{T}$:定时/计数器选择位

$C/\overline{T}$=0,为定时器方式,计数器的计数脉冲来源于系统时钟频率。

$C/\overline{T}$=1,为计数器方式,计数器的输入来自引脚 P3.4 或 P3.5 的外部脉冲。

(3) M1、M0:工作方式选择位

定时/计数器 T0、T1 在应用时根据 M1、M0 的设置不同有 4 种工作方式,如表 6.1 所列。例如,需要设置定时器 1 工作于方式 1 的定时模式。由于定时模式与外部中断输入引脚信号无关,故 M1=0、M0=1、$C/\overline{T}$=0、GATE=0,因此,TMOD 寄存器的高 4 位应为 0001;由于定时器 0 未使用,因此低 4 位可随意置数,一般将其置为 0000。所以 TMOD 寄存器的设置指令为"TMOD=0x10"。

表 6.1　M1、M0 的配置表

M1	M0	工作方式	备　注
0	0	方式 0	16 位自动重载模式。当[THx,TLx]中的计数值计满时,重新载入初值到[THx,TLx]中
0	1	方式 1	16 位定时模式。当[THx,TLx]中的 16 位计数值溢出时,定时器将从 0 开始计数
1	0	方式 2	8 位自动重载模式。TL 溢出时自动装载成 TH 的值
1	1	方式 3	不可屏蔽中断的 16 位自动重载模式。T0 为 2 个 8 位计数器,T1 停止工作

2. 定时/计数器 T0、T1 的控制寄存器 TCON

TCON 寄存器用于控制定时/计数器的启动、停止,以及检测定时/计数器的溢出状态,其地址为 88H。该寄存器的每一位可单独进行位寻址,其各位的功能如下:

寄存器	B7	B6	B5	B4	B3	B2	B1	B0
TCON	TF1	TR1	TF0	TR0	IE1	IT1	IE0	IT0

(1) TF1:定时/计数器 1 溢出标志位

当定时/计数器 1 计满产生溢出时,由硬件自动置位 TF1,在中断允许时,向 CPU 发出定时/计数器 1 的中断请求;中断响应后,由硬件自动清除 TF1 标志。也可通过查询 TF1 标志来判断计满溢出的时刻;查询结束后,用软件清除 TF1 标志。

(2) TR1:定时/计数器 1 运行控制位

通过软件置 1 或清 0 来启动或停止定时/计数器 1。当 TMOD 寄存器的 GATE = 0 时,TR1 置 1 即可启动定时/计数器 1;当 GATE = 1 时,TR1 置 1 且 INT1 的输入引脚信号为高电平时,方可启动定时/计数器 1。

(3) TF0:定时/计数器 0 溢出标志位

其功能及操作情况同 TF1。

(4) TR0:定时/计数器 0 运行控制位

其功能及操作情况同 TR1。

当系统复位时,TCON 的所有位均清 0。TCON 的字节地址为 88H,可以位寻址,清除溢出标志位或启动、停止定时/计数器都可以使用位操作指令。

3. 辅助寄存器 AUXR

辅助寄存器 AUXR 的各位功能如下,其中 T0x12、T1x12 用于设定 T0、T1 定时/计数脉冲的分频系数:

寄存器	B7	B6	B5	B4	B3	B2	B1	B0
AUXR	T0x12	T1x12	UART_M0x6	T2R	T2_C/$\overline{T}$	T2x12	EXTRAM	SIST2

(1) T0x12

用于设置定时/计数器 0 的定时/计数脉冲的分频系数。当 T0x12 = 0 时,定时/计数脉冲完全与传统 8051 单片机的计数脉冲一样,计数脉冲周期为系统时钟周期的 12 倍,即 12 分频;当 T0x12 = 1 时,计数脉冲为系统时钟脉冲,计数脉冲周期等于系统时钟周期,即无分频。

(2) T1x12

其功能及操作情况同 T0x12。

4. 定时/计数器 T0、T1 的计数寄存器 TH*x* 、TL*x*

定时/计数器 T0 的计数寄存器为 TH0、TL0,T1 的计数寄存器为 TH1、TL1,均为 8 位寄存器,用于存储当前的计数值。各位的定义如下:

寄存器	B7	B6	B5	B4	B3	B2	B1	B0
TL*x*	[7:0]							
TH*x*	[7:0]							

5. 定时/计数器 T0、T1 的中断相关寄存器

定时/计数器 T0、T1 的中断相关寄存器主要有中断允许寄存器 IE 及中断优先级设置寄存器 IP 和 IPH 等,具体应用请参阅第 5 章,这些寄存器中与 T0、T1 相关的各位如下表中阴影部分所列:

寄存器	B7	B6	B5	B4	B3	B2	B1	B0
IE	EA	ELVD	EADC	ES	ET1	EX1	ET0	EX0
IP	PPCA	PLVD	PADC	PS	PT1	PX1	PT0	PX0
IPH	PPCAH	PLVDH	PADCH	PSH	PT1H	PX1H	PT0H	PX0H

6.3　STC8G 系列单片机定时/计数器(T0/T1)的工作方式

定时/计数器有 4 种工作方式,分别为方式 0、方式 1、方式 2 和方式 3,可以通过对 TMOD 的 M1、M0 进行设置来选择。其中,定时/计数器 0 可以工作在这 4 种工作方式中的任何一种,而定时/计数器 1 只可工作于方式 0、方式 1 和方式 2。除了工作方式 3 以外,在其他三种工作方式下,定时/计数器 0 和定时/计数器 1 的工作原理是相同的。下面以定时/计数器 0 为例,详述定时/计数器的 4 种工作方式。

6.3.1　方式 0(16 位自动重载模式)

方式 0 下的定时/计数器 0 是一个 16 位可自动重载初值的定时/计数器,其结构如图 6.3 所示,定时/计数器 T0 有两个隐含的寄存器 RL_TH0、RL_TL0,用于保存 16 位定时/计数器的重载初值,当 TH0、TL0 构成的 16 位计数器计满溢出时,

RL_TH0、RL_TL0 的值自动载入 TH0、TL0 中。RL_TH0 与 TH0 共用同一个地址,RL_TL0 与 TL0 共用同一个地址。当 TR0＝0,对 TH0、TL0 寄存器写入数据时,也会同时写入 RL_TH0、RL_TL0 寄存器中;当 TR0＝1,重新装载初值时,只写入 RL_TH0、RL_TL0 寄存器中,而不会写入 TH0、TL0 寄存器中,这样不会影响正常计数。

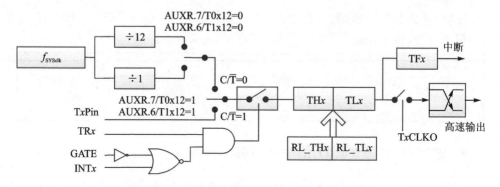

图 6.3   定时/计数器 0 的工作方式 0 结构图

当 C/$\overline{\mathrm{T}}$＝0 时,多路开关连接系统时钟的分频输出,定时/计数器 0 对定时/计数脉冲计数,即为定时器方式。由 T0x12 决定如何对系统时钟进行分频,当 T0x12＝0 时,使用 12 分频(与传统 8051 单片机兼容);当 T0x12＝1 时,直接使用系统时钟(即不分频)。

当 C/$\overline{\mathrm{T}}$＝1 时,多路开关连接外部输入脉冲引脚(T0 与 P3.4 引脚复用),定时/计数器 0 对 T0 引脚输入脉冲计数,即为计数方式。

门控位 GATE 的作用:一般情况下,应使 GATE 为 0,这样,定时/计数器 0 的运行控制仅由 TR0 位的状态确定(TR0 为 1 时启动,TR0 为 0 时停止)。只有在启动计数需由外部输入 INT0 控制时,才使 GATE 为 1。由图 6.3 可知,当 GATE＝1,并且 TR0 为 1 且 INT0 的引脚输入高电平时,定时/计数器 0 才能启动计数。利用 GATE 的这一功能,可以很方便地测量脉冲宽度。方式 0 定时时间的计算公式是

$$定时时间＝(M－定时器的初值)×系统时钟周期×12^{1-T0x12}$$

其中,$M＝2^{16}＝65\,536$。

注:传统 8051 单片机定时/计数器 T0 的方式 0 为 13 位定时/计数器,没有 RL_TH0、RL_TL0 两个隐含的寄存器,因此,新增的 RL_TH0、RL_TL0 也没有分配新的地址;同理,针对定时/计数器 T1 增加了 RL_TH1、RL_TL1 两个隐含的寄存器,用于保存 16 位定时/计数器的重载初值,当由 TH1、TL1 构成的 16 位计数器计满溢出时,RL_TH1、RL_TLI 的值自动载入 TH1、TL1 中。RL_TH1 与 TH1 共用同一个地址,RL_TL1 与 TL1 共用同一个地址。

例 6.1   用 T0 的方式 0 实现定时,在 P2.0 引脚上输出周期为 10 ms 的方波。

解:根据题意,采用 T0 的方式 0 进行定时,因此,TMOD＝0x00。

因为方波周期是 10 ms,因此 T1 的定时时间应为 5 ms,每达到 5 ms 时间就对

P2.0 引脚取反，即可实现在 P2.0 引脚上输出周期为 10 ms 的方波。系统采用 12 MHz 晶振，分频系数为 12，即定时脉钟周期为 1 μs，则 T1 的初值为

$$X = 2^{16} - 5\ 000 = 65\ 536 - 5\ 000 = 60\ 536 = EC78H$$

即 TH1＝ECH，TL1＝78H。

程序代码如下：

(1) 查询方式参考程序

```
# include <STC8G.H>          //包含标准文件头
void main(void)              //主函数
{
    P20 = 0;
    TMOD = 0x00;
    TH0 = 0x0EC;
    TL0 = 0x78;
    TR0 = 1;
    while(1)
    {
        if(TF0 == 1)
        {
            P20 = ! P20;
            TF0 = 0;
        }
    }
}
```

(2) 基于中断的程序

```
# include <STC8G.H>          //包含标准文件头
void main(void)              //主函数
{
    P20 = 0;
    TMOD = 0x00;
    TH0 = 0x0EC;
    TL0 = 0x78;
    ET0 = 1;
    EA = 1;
    TR0 = 1;
    while(1){ ; }
}
void timer0_isr()interrupt 1
{
    P20 = ! P20;
}
```

6.3.2 方式 1(16 位定时模式)

定时/计数器 0 在方式 1 下的电路结构图如图 6.4 所示。

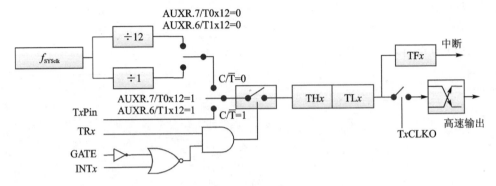

图 6.4 定时/计数器 0 的工作方式 1 结构图

T0 在方式 1 和方式 0 下都是 16 位的定时/计数器,由 TH0 作为高 8 位,TL0 作为低 8 位。方式 1 与方式 0 的不同点在于:方式 0 是可重载初值的 16 位定时/计数器,而方式 1 是不可重载初值的 16 位定时/计数器,因此,有了可重载初值的 16 位定时/计数器,不可重载初值的 16 位定时/计数器的应用意义就不大了。方式 1 的定时时间的计算公式与方式 0 的相同,即

$$定时时间 = (M - 定时器的初值) \times 系统时钟周期 \times 12^{1-T0x12}$$

其中,$M = 2^{16} = 65\ 536$。

6.3.3 方式 2(8 位自动重载模式)

方式 2 是 8 位可自动重载初值的定时/计数器,其电路结构图如图 6.5 所示。

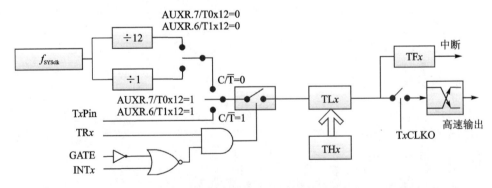

图 6.5 定时/计数器 0 的工作方式 2 结构图

定时/计数器 0 构成一个自动重载功能的 8 位计数器,TL0 是 8 位的计数器,而 TH0 是一个数据缓冲器,存放 8 位初值。当 TL0 计满溢出时,在溢出标志 TF0 置 1 的

同时,自动将 TH0 的初值送至 TL0,使 TL0 从初值开始重新计数。这种工作方式可省去用户软件中重置定时初值的程序,并可产生高精度的定时时间,特别适合用作串行口的波特率发生器。方式 2 的定时时间的计算公式与方式 1 的相同,即

$$定时时间=(M-定时器的初值)\times 系统时钟周期\times 12^{1-T0x12}$$

其中,$M=2^8=256$。

8 位可自动重载初值的定时/计数器所能实现的功能完全可以由 16 位可重载初值的定时/计数器所取代。因此,8 位可自动重载初值的定时/计数器的实际应用意义也不大了。

6.3.4　方式 3(不可屏蔽中断的 16 位自动重载模式)

对于定时/计数器 0,其工作方式 3 与工作方式 0 是一样的,二者的不同之处是:当定时/计数器 T0 工作在方式 3 下时,只需允许 ET0(IE.1),而无须允许 EA 即能打开定时/计数器 T0 的中断,此方式下的定时/计数器 T0 中断与总中断使能位 EA 无关,一旦工作在方式 3 下的定时/计数器 T0 的中断被打开,该中断就是不可屏蔽的,该中断的优先级是最高的,即该中断不能被任何中断所打断,而且该中断打开后既不受 EA 控制,也不再受 ET0 控制,当 EA=0 或 ET0=0 时都不能屏蔽此中断,故将方式 3 称为不可屏蔽中断的 16 位自动重载模式。该方式常用于实时操作系统的节拍器。

定时/计数器 T0/T1 定时功能的计算公式如表 6.2 所列。

表 6.2　定时/计数器 T0/T1 定时功能的计算公式表

定时器及工作方式	定时器基准时钟	周期计算公式
T0:方式 0/3 T1:方式 0 (16 位自动重载模式)	1T	$定时周期=\dfrac{65\,536-[\mathrm{TH}x,\mathrm{TL}x]}{f_{\mathrm{SYSclk}}}$　(计满自动重载)
	12T	$定时周期=\dfrac{65\,536-[\mathrm{TH}x,\mathrm{TL}x]}{f_{\mathrm{SYSclk}}}\times 12$　(计满自动重载)
T0:方式 1 T1:方式 1 (16 位定时模式)	1T	$定时周期=\dfrac{65\,536-[\mathrm{TH}x,\mathrm{TL}x]}{f_{\mathrm{SYSclk}}}$　(计满软件重载)
	12T	$定时周期=\dfrac{65\,536-[\mathrm{TH}x,\mathrm{TL}x]}{f_{\mathrm{SYSclk}}}\times 12$　(计满软件重载)
T0:方式 2 T1:方式 2 (8 位自动重载模式)	1T	$定时周期=\dfrac{256-\mathrm{TH}x}{f_{\mathrm{SYSclk}}}$　(计满自动重载)
	12T	$定时周期=\dfrac{256-\mathrm{TH}x}{f_{\mathrm{SYSclk}}}\times 12$　(计满自动重载)

注:x 表示 0 和 1。

6.4 STC8G 系列单片机定时/计数器(T2)

6.4.1 定时/计数器 T2 的电路结构

STC8G2K64S4 单片机上的定时/计数器 2 是一个含有 8 位预分频模块的 16 位定时/计数器,其电路结构如图 6.6 所示。T2 的工作方式类似于 T0、T1 的 16 位自动重载模式,并在此基础上增加了一个 8 位的预分频模块,由此可以较灵活地修改基准时钟频率。它可以作为普通定时器,也可用作串口的波特率发生器和可编程时钟输出。

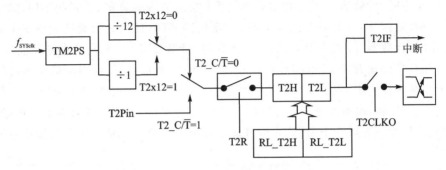

图 6.6 T2 的电路结构图

6.4.2 定时/计数器 T2 的寄存器

STC8G2K64S4 单片机上的定时/计数器 2 的寄存器有辅助寄存器(AUXR)、中断与时钟输出控制寄存器(INTCLKO)、计数寄存器(T2L、T2H)、8 位预分频寄存器(TM2PS)和中断相关寄存器。

1. 辅助寄存器 AUXR

辅助寄存器 AUXR 的地址为 8EH,复位值为 00000001B,寄存器各位的功能如下:

寄存器	B7	B6	B5	B4	B3	B2	B1	B0
AUXR	T0x12	T1x12	UART_M0x6	T2R	T2_C/$\overline{\text{T}}$	T2x12	EXTRAM	S1ST2

T0x12:定时器 0 速度控制位:

0:12 分频;

1:不分频。

T1x12:定时器 1 速度控制位:

0:12 分频；

1:不分频。

UART_M0x6:串口 1 模式 0 的通信速度设置位：

0:12 分频；

1:6 分频。

注:串口 1 模式 0 是移位寄存器方式,无实际用途,不用学。

T2R:定时器 2 运行控制位：

0:关闭；

1:启动。

T2_C/$\overline{\text{T}}$:选择定时器 2 用作定时器或计数器：

0:用作定时器(计数脉冲从内部系统时钟输入)；

1:用作计数器(计数脉冲从 P3.1/T2 引脚输入)。

T2x12:定时器 2 速度控制位：

0:12 分频,定时器 T2 每 12 个时钟周期计数一次；

1:不分频,定时器 T2 每 1 个时钟周期计数一次。

如果串口(UART1~UART4)使用 T2 作为波特率发生器,则 T2x12 位决定了串口的基准时钟是 $12T$ 还是 $1T$。

EXTRAM:用于设置是否允许使用内部 3 840 字节的扩展 RAM：

0:允许；

1:禁止。

S1ST2:串口 1(UART1)选择定时器 2 作为波特率发生器的控制位：

0:选择定时器 T1 作为串口 1(UART1)的波特率发生器；

1:选择定时器 T2 作为串口 1(UART1)的波特率发生器,此时定时器 T1 得到释放,可作为独立定时器使用。

2. 中断与时钟输出控制寄存器(INTCLKO)

中断与时钟输出控制寄存器 INTCLKO 的地址为 8FH,复位值为 00000000B,寄存器各位的功能如下：

寄存器	B7	B6	B5	B4	B3	B2	B1	B0
INTCLKO	—	EX4	EX3	EX2	—	T2CLKO	T1CLKO	T0CLKO

T2CLKO:定时器 T2 时钟输出控制位：

0:关闭时钟输出；

1:使能 P1.3 引脚为定时器 T2 时钟输出功能,当 T2 计数发生溢出时,P1.3 引脚的电平自动翻转。

T1CLKO:定时器 T1 时钟输出控制位：

0:关闭时钟输出;

1:使能 P3.4 引脚为定时器 T1 时钟输出功能,当 T1 计数发生溢出时,P3.4 引脚的电平自动翻转。

T0CLKO:定时器 T0 时钟输出控制位:

0:关闭时钟输出;

1:使能 P3.5 引脚为定时器 T0 时钟输出功能,当 T0 计数发生溢出时,P3.5 引脚的电平自动翻转。

3. 计数寄存器(T2L、T2H)

计数寄存器 T2L、T2H 的地址分别为 D7H、D6H,复位值为 00000000B,用于实现定时计数。T2L 和 T2H 组合为一个 16 位寄存器,T2L 为低字节,T2H 为高字节,它们各位的定义如下:

寄存器	B7	B6	B5	B4	B3	B2	B1	B0
T2L				[7:0]				
T2H				[7:0]				

4. 8 位预分频寄存器(TM2PS)

8 位预分频寄存器 TM2PS 的地址为 FEA2H,复位值为 00000000B,用于实现对系统时钟的进一步分频,其各位的定义如下:

寄存器	B7	B6	B5	B4	B3	B2	B1	B0
TM2PS				[7:0]				

定时器 T2 的基准时钟与系统时钟 f_{SYSclk} 和 8 位预分频值 TM2PS 的关系为

$$定时器 T2 的基准时钟 = 系统时钟 f_{\text{SYSclk}} \div (\text{TM2PS} + 1)$$

例如,$f_{\text{SYSclk}} = 20\,\text{MHz}$,TM2PS=9,则定时器 T2 的时钟=20 MHz$\div$(9+1)=2 MHz。

6.4.3 定时/计数器 T2 的工作模式

如图 6.6 所示,当 T2_C/$\overline{\text{T}}$=0 时,多路开关连接到系统时钟输出,T2 对内部系统时钟计数,T2 工作于定时模式;当 T2_C/$\overline{\text{T}}$=1 时,多路开关连接到外部脉冲输入引脚 P3.1,T2 工作于计数模式。

定时/计数器 T2 的时钟源有 2 种,通过配置 T2x12 位(AUXR.2)进行选择,当选择为 12T 时,基准时钟为预分频时钟的 12 分频;当选择为 1T 时,基准时钟为预分频时钟的 1 分频。

定时/计数器 T2 有两个隐藏的寄存器 RL_T2H 和 RL_T2L,它们与 T2H 和 T2L 共用同一个地址。当 T2R=0 时,对 T2H、T2L 写入的内容会同时写入

RL_T2H、RL_T2L;当 T2R＝1 时,对 T2H、T2L 写入的内容不会写入 T2H、T2L,而是写入隐藏的寄存器 RL_T2H、RL_T2L,这样即可巧妙实现 16 位重载定时器。

[T2H,T2L]计满溢出不仅置位中断请求标志位 T2IF,使 CPU 转去执行定时器 2 的中断服务程序,而且会自动将[RL_T2H,RL_T2L]的内容重新载入[T2H,T2L]中。

定时/计数器 T2 的定时周期、基准时钟频率、初值、预分频值之间的计算公式如表 6.3 所列。

表 6.3　定时/计数器 T2 的定时功能计算公式表

定时器基准时钟	周期计算公式
$1T$	$定时器周期 = \dfrac{65\ 536 - [\text{T2H},\text{T2L}]}{f_{\text{SYSclk}}/\text{TM2PS}}$ （自动重载）
$12T$	$定时器周期 = \dfrac{65\ 536 - [\text{T2H},\text{T2L}]}{f_{\text{SYSclk}}/\text{TM2PS}} \times 12$ （自动重载）

6.5　STC8G 系列单片机定时/计数器(T3/T4)

6.5.1　定时/计数器 T3/T4 的电路结构

STC8G2K64S4 单片机上的定时/计数器 T3/T4 是一个含有 8 位预分频模块的 16 位定时/计数器,其电路结构如图 6.7 所示,图中 n 表示 3 和 4。定时/计数器 T3/T4 的结构与定时/计数器 T2 的结构完全一样,仅寄存器不同。

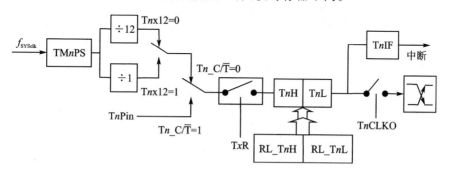

图 6.7　T3/T4 的电路结构图

6.5.2　定时/计数器 T3/T4 的寄存器

定时/计数器 T3/T4 的寄存器由控制寄存器(T4T3M)、计数寄存器(T3L、

T3H、T4L、T4H)、预分频寄存器(TM3PS、TM4PS)和中断相关寄存器构成。

1. 控制寄存器(T4T3M)

控制寄存器 T4T3M 的地址为 D1H,高 4 位用于控制定时器 T4,低 4 位用于控制定时器 T3,各位的功能如下:

寄存器	B7	B6	B5	B4	B3	B2	B1	B0
T4T3M	T4R	T4_C/$\overline{\text{T}}$	T4x12	T4CLKO	T3R	T3_C/$\overline{\text{T}}$	T3x12	T3CLKO

T4R:定时/计数器 T4 的运行控制位:

0:定时/计数器 T4 停止计数;

1:定时/计数器 T4 开始计数。

T4_C/$\overline{\text{T}}$:定时/计数控制位:

0:定时/计数器 T4 为定时功能;

1:定时/计数器 T4 为计数功能,引脚 P0.6 作为 T4 的计数时钟输入。

T4x12:定时/计数器 T4 的基准时钟选择:

0:12T 模式,即预分频时钟的 12 分频;

1:1T 模式,即预分频时钟的 1 分频。

T4CLKO:定时器 T4 的时钟输出控制位:

0:关闭时钟输出;

1:使能引脚 P0.7 使定时/计数器 T4 为时钟输出功能,当 T4 计数发生溢出时,引脚 P0.7 的电平自动翻转。

T3R:定时/计数器 T3 的运行控制位:

0:定时/计数器 T3 停止计数;

1:定时/计数器 T3 开始计数。

T3_C/$\overline{\text{T}}$:定时/计数控制位:

0:定时/计数器 T3 为定时功能;

1:定时/计数器 T3 为计数功能,引脚 P0.4 作为 T3 的计数时钟输入。

T3x12:定时/计数器 T3 的基准时钟选择:

0:12T 模式,即预分频时钟的 12 分频;

1:1T 模式,即预分频时钟的 1 分频。

T3CLKO:定时/计数器 T3 的时钟输出控制位:

0:关闭时钟输出;

1:使能引脚 P0.5 使定时/计数器 T3 为时钟输出功能,当 T3 计数发生溢出时,引脚 P0.5 的电平自动翻转。

2. 计数寄存器(T3L、T3H、T4L、T4H)

T3L、T3H 构成定时/计数器 T3 的 16 位计数寄存器,地址为 D5H、D4H;T4L、

T4H 构成定时/计数器 T4 的 16 位计数寄存器,地址为 D3H、D2H,各位的定义如下:

寄存器	B7	B6	B5	B4	B3	B2	B1	B0
T3L				[7:0]				
T3H				[7:0]				
T4L				[7:0]				
T4H				[7:0]				

3. 预分频寄存器(TM3PS、TM4PS)

定时/计数器 T3 的预分频寄存器 TM3PS 的地址为 FEA3H,定时/计数器 T4 的预分频寄存器 TM4PS 的地址为 FEA4H,各位的定义如下:

寄存器	B7	B6	B5	B4	B3	B2	B1	B0
TM3PS				[7:0]				
TM4PS				[7:0]				

定时器 T3 和定时器 T4 的基准时钟与系统时钟 f_{SYSclk} 和 8 位预分频值 TM3PS 和 TM4PS 的关系为

$$定时/计数器 T3 的基准时钟 = 系统时钟 f_{SYSclk} \div (TM3PS + 1)$$
$$定时/计数器 T4 的基准时钟 = 系统时钟 f_{SYSclk} \div (TM4PS + 1)$$

4. 中断相关寄存器

定时/计数器 T2、T3、T4 的中断相关寄存器涉及 IE2,3 个定时/计数器的中断优先级最低。T2、T3、T4 的中断相关寄存器各位的定义如下:

寄存器	B7	B6	B5	B4	B3	B2	B1	B0
IE2	—	ET4	ET3	ES4	ES3	ET2	ESPI	ES2

特别的,定时/计数器 T2、T3、T4 的溢出标志是隐含的,因此 T2、T3、T4 的溢出状态不能采用查询方式进行检测,只能采用中断方式进行检测。

6.5.3　定时/计数器 T3/T4 的工作模式

如图 6.7 所示,当 $Tn\_C/\overline{T}=0$ 时,多路开关连接到系统时钟输出,T3/T4 对内部系统时钟计数,T3/T4 工作于定时模式;当 $Tn\_C/\overline{T}=1$ 时,多路开关连接到外部脉冲输入引脚 P0.4/P0.6,T3/T4 工作于计数模式。

定时/计数器 T3/T4 的时钟源有 2 种,需通过配置 $Tnx12$ 进行选择,当选择为 $12T$ 时,基准时钟为预分频时钟的 12 分频;当选择为 $1T$ 时,基准时钟为预分频时钟的 1 分频。

定时/计数器 T3/T4 有两个隐藏的寄存器 RL_T_nH 和 RL_T_nL(n 为 3 和 4)，它们与 T_nH 和 T_nL 共用同一个地址。当 T_nR＝0 时，对 T_nH、T_nL 写入的内容会同时写入 RL_T_nH、RL_T_nL；当 T_nR＝1 时，对 T_nH、T_nL 写入的内容不会写入 T_nH、T_nL，而是写入隐藏的寄存器 RL_T_nH、RL_T_nL，这样即可巧妙实现 16 位重载定时器。

[T_nH,T_nL]计满溢出不仅置位中断请求标志位 T_nIF，使 CPU 转去执行定时/计数器 T3/T4 的中断服务程序，而且会自动将[RL_T_nH,RL_T_nL]的内容重新载入[T_nH,T_nL]。

定时/计数器 T3/T4 的定时周期、基准时钟频率、初值、预分频值之间的计算公式如表 6.4 所列。

表 6.4　定时/计数器 T3/T4 的定时功能计算公式表

定时器基准时钟	周期计算公式
1T	定时器周期＝$\dfrac{65\,536-[T_n\mathrm{H},T_n\mathrm{L}]}{f_{\mathrm{SYSclk}}/\mathrm{TM}n\mathrm{PS}}$　（自动重载）
12T	定时器周期＝$\dfrac{65\,536-[T_n\mathrm{H},T_n\mathrm{L}]}{f_{\mathrm{SYSclk}}/\mathrm{TM}n\mathrm{PS}}\times12$　（自动重载）

注：n 表示 3 和 4。

6.6　STC8G 系列单片机定时/计数器应用开发案例

6.6.1　定时/计数器应用开发步骤

STC8G2K64S4 单片机在应用定时/计数器时，需先对其进行初始化配置。初始化程序应完成如下步骤：

① 对定时器的基准时钟进行配置，T0/T1 配置 AUXR 的 T0x12 和 T1x12 位，T2 配置 TM2PS 和 AUXR 的 T2x12 位，T3 配置预分频寄存器 TM3PS 和 T4T3M 的 T3x12 位，T4 配置预分频寄存器 TM4PS 和 T4T3M 的 T4x12 位。

② 对工作方式寄存器进行配置，T0/T1 配置寄存器 TMOD，T2 配置寄存器 AUXR，T3/T4 配置寄存器 T4T3M。

③ 计算初值，并写入计数寄存器 TH0/TL0、TH1/TL1、T2H/T2L、T3H/T3L、T4H/T4L 中。

④ 若为中断方式，则应开启中断使能，并设置中断优先级。

⑤ 置位启动位，将 TR0、TR1、T2R、T3R、T4R 置位 1。

6.6.2　定时闪烁灯设计

例 6.2　用定时器 T0 实现 P1.0 引脚上的 LED 以亮 30 ms、灭 30 ms 方式闪烁（采用查询方式），要求使用单片机的内部 R/C 时钟，频率为 12 MHz。

程序代码如下：

```
# include "STC8G.H"
sbit P1_0 = P1^0;
void main()
{
    AUXR &= 0x7F;            //定时器时钟 12T 模式
    TMOD &= 0xF0;            //设置定时器模式
    TL0 = 0xD0;             //设置定时初值
    TH0 = 0x8A;             //设置定时初值
    TF0 = 0;                //清除 TF0 标志
    TR0 = 1;                //定时器 0 开始计时
    for(;;)
    {
        if(TF0)             //如果 TF0 等于 1
        {
            TF0 = 0;        //清 TF0
            P1_0 = ! P1_0;  //执行灯亮或灭的动作
        }
    }
}
```

例 6.3　用定时/计数器 T1 实现 P1.0 引脚上的 LED 以亮 1 s、灭 1 s 的方式闪烁（采用中断方式），R/C 时钟频率为 22.118 4 MHz。

分析：计算最长的定时时间：当"预置初值"为 0 时，定时时间最长。

若采用 12T，则

$$f_{SYSclk}/12 \times T = 65\ 536, \quad T = 65\ 536 \times 12/f_{SYSclk} = 786\ 432/f_{SYSclk}$$

若采用 1T，则

$$f_{SYSclk} \times T = 65\ 536, \quad T = 65\ 536/f_{SYSclk}$$

当 $f_{SYSclk} = 11.059\ 2$ MHz 时，

$T = 71\ 111\ \mu s$　即　71 ms(12T)，　$T = 5\ 925.9\ \mu s$　即　5.9 ms(1T)

当 $f_{SYSclk} = 22.118\ 4$ MHz 时，

$T = 35\ 555\ \mu s$　即　35.5 ms(12T)，　$T = 2\ 962.9\ \mu s$　即　2.9 ms(1T)

由此可以看出，最长的定时时间不能达到 1 s，这里采用 20 ms 定时，定时 50 次则为 20 ms × 50 = 1 000 ms，即 1 s 的方式。

程序代码如下：

```
# include "STC8G.H"
sbit LED = P1^0;
unsigned char counter;              //软件计数器
/ ************************ 主程序 ***********************/
void main()
{
    TMOD = 0x10;                    //定时器 1 的 16 位定时模式
    TH1 = 0x70;                     //经计算定时 20 ms 的初值是 0x7000
    TL1 = 0x00;
    TR1 = 1;                        //定时器开始运行
    while(1)
    {;}
}
/ ********************* 定时器 T1 中断服务程序 *****************/
void Timer1_isr() interrupt 3
{
    if(TF1 == 1)
    {
        TF1 = 0;                    //没使用中断的情况下必定会用软件查询清零
        TH1 = 0x70;
        TL1 = 0x00;
        counter ++;
    }
    if(50 == counter)              //20 ms×50 = 1 000 ms 即 1 s
    {
        counter = 0;
        LED = ～ LED;
    }
}
```

6.6.3 数字时钟设计

例 6.4 用定时/计数器 T2 设计一个数字时钟,要求能通过 LED 显示器显示时、分、秒,并能通过按键实现对时钟数值进行调节。已知系统时钟为 11.059 2 MHz,电路如图 6.8 所示。

分析: 由定时/计数器 T2 的结构可知,先通过预分频器将系统时钟进行 110 倍分频,得到 100 kHz,然后再采用 12T 模式,计数 8 333 次,可得 1 s 信号,因此定时器的初值＝65 536－8 333＝57 203＝DF73H。

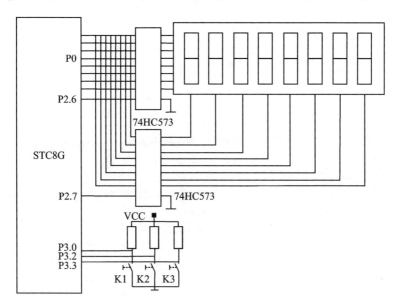

图 6.8　数字时钟电路图

程序代码如下：

```
/********************************************************/
# include <STC8G.H>
# define uchar unsigned char
# define uint unsigned int
# define LedPort P0                //LED 段码接口
sbit we = P2^7;                    //位定义数码管位选锁存器接口
sbit du = P2^6;                    //位定义数码管段选锁存器接口
/*****************显示段码位码字*********************/
uchar code leddata[] = {0x3f,0x06,0x5b,0x4f,0x66,0x6d,0x7d,0x07,0x7f,
                0x6f,0x77,0x7c, 0x39,0x5e,0x79,0x71,0x40}; //字形码（段码）
                //显示段码值 0123456789AbCdEF -
uchar code WeiMa[] = {0xfe,0xfd,0xfb,0xf7,0xef,0xdf,0xbf,0x7f};//位选码（从左到右）
/*****************变量定义*********************/
sbit S4 = P3^2;                    //加键
sbit S5 = P3^3;                    //减键
sbit S2 = P3^0;                    //功能操作
uchar flag;                        //定时功能操作标志
uchar i,hour,min,sec;
/*****************0.5毫秒延时*********************/
void delay(int m)                  //延时程序,延时 m * 0.5 ms
{
    uint i,j;
```

```
        for (i = 0; i < m; i + +)
            for(j = 0; j < 256; j + +);
    }
/ * * * * * * * * * * * * * * * * * * * T1 初始化子函数 * * * * * * * * * * * * * * * * * * * * * * * * * * /
void Timer2_init(void)
{
    TM2PS = 110;                    //定时器 T2 预分频值
    AUXR & = 0xFB;                  //定时器时钟 12T 模式
    T2H = 0xDF;                     //高 8 位(65 536 −8 333)/256
    T2L = 0x73;                     //低 8 位(65 536 −8 333)%256
    IE2 | = 0x04;                   //使能 T2 中断 0000 0100
    EA = 1;                         //使能总中断
    AUXR | = 0x10;                  //定时器 2 开始计时 0001 0000
}
/ * * * * * * * * * * * * * * * * * * * 外部中断初始化子函数 * * * * * * * * * * * * * * * * * * * * * * * /
void Int_init(void)
{
    IT0 = 1;                        //外部中断 0 的下降沿触发
    IT1 = 1;                        //外部中断 1 的下降沿触发
    EX0 = 1;                        //使能外部中断 0
    EX1 = 1;                        //使能外部中断 1
    INT_CLKO | = 0x40;              //EX4 = 1,使能外部中断 4
}
/ * * * * * * * * * * * * * * * * * * * * LED 显示程序 * * * * * * * * * * * * * * * * * * * * * * * * * *
 输入参数:leddat 表示显示的数(0~9),ledbit 表示显示的位(0~7),
         point 表示是否显示小数点(0,1)
 * * * * * * * * * * * * * * * * * * * * * * * * * * * * * * * * * * * * * * * * * * * * * * * * * * * * * /
void display(uchar ledbit,uchar leddat,uchar point)
{
    we = 1;                         //打开位选
    LedPort = WeiMa[ledbit];        //位码
    we = 0;                         //关闭位选
    du = 1;                         //打开段选
    if(point == 1)
    {
        LedPort = leddata[leddat] + 0x80;   //段码
    }
    else
    {
        LedPort = leddata[leddat];
    }
```

```
    du = 0;                         //关闭段选
    delay(1);                       //延时
    LedPort = 0xff;                 //消隐
}
/********************T2 中断服务子函数********************/
void Timer2_sev(void) interrupt 12      //定时器 T2 中断服务程序
{
    i++;
    if(i == 20)
    {
        i = 0;
        sec++;
        if(sec == 59)
        {
            sec = 0;
            min++;
            if(min == 59)
            {
                min = 0;
                hour++;
                if(hour == 23)
                {hour = 0;}
            }
        }
    }
}
/********************INT4 服务子函数********************/
void Int4_sev() interrupt 16
{
    delay(5);                       //延时去抖动
    if (S2 == 0)                    //再次确认按键
    {
        flag++;
        if(flag > 2) flag = 0;
        while (S2 == 0);
    }
}
/********************INT0 服务子函数********************/
void Int0_sev() interrupt 0
{
    delay(5);                       //延时去抖动
    if (S4 == 0)                    //再次确认按键
    {
```

```
        if(flag == 0) sec ++;
        if(flag == 1) min ++;
        if(flag == 2) hour ++;
        while (S4 == 0);
    }
}
/ ********************** INT1 服务子函数 *************************/
void Int1_sev() interrupt 2
{
    delay(5);                      //延时去抖动
    if (S5 == 0)                   //再次确认按键
    {
        if(flag == 0) sec --;
        if(flag == 1) min --;
        if(flag == 2) hour --;
        while (S5 == 0);
    }
}
/ ******************** 主程序 ***************************/
void main()
{
    P3 = 0xff;
    Int_init();                    //外部中断初始化
    Timer2_init();                 //定时器初始化
    while(1)
    {
        display(0,hour/10);        //显示小时
        display(1,hour % 10);
        display(2,16);             //显示"-"
        display(3,min/10);         //显示分
        display(4,min % 10);
        display(5,16);             //显示"-"
        display(6,sec/10);         //显示秒
        display(7,sec % 10);
    }
}
```

6.6.4 高速时钟输出设计

例 6.5 编程在 P1.3、P3.5、P3.4 引脚上分别输出 115.2 kHz、51.2 kHz、36.4 kHz 的时钟信号。

分析：可编程时钟输出频率为定时/计数器溢出率的二分频信号。定时/计数器 T0～T4 的高速时钟输出有三种配置方式，下面以定时/计数器 T0 为例介绍如下：

① 若 T0 工作于方式 0 的定时模式，则 P3.5 引脚的输出时钟频率 $f_{P3.5}=\dfrac{1}{2}\text{T0}$ 的溢出率。

当 T0x12＝0 时，

$$f_{P3.5}=(f_{SYSclk}/12)/(65\ 536-[\text{RL\_TH0,RL\_TL0}])/2$$

当 T0x12＝1 时，

$$f_{P3.5}=f_{SYSclk}/(65\ 536-[\text{RL\_TH0,RL\_TL0}])/2$$

② 若 T0 工作于方式 2 的定时模式，则

当 T0x12＝0 时，

$$f_{P3.5}=(f_{SYSclk}/12)/(256-\text{TH0})/2$$

当 T0x12＝1 时，

$$f_{P3.5}=f_{SYSclk}/(256-\text{TH0})/2$$

③ 若 T0 工作于方式 0 的计数模式，则

$$f_{P3.5}=\text{T0\_PIN\_CLK}/(65\ 536-[\text{RL\_TH0,RL\_TL0}])/2$$

注：T0_PIN_CLK 为定时/计数器 T0 的计数输入引脚 P3.4 的输入脉冲频率。

设系统时钟为 12 MHz，T0、T1 工作于方式 2 的 8 位自动重载定时模式，且采用 1T 模式。根据计算可得各定时器的初值分别为 T2H＝FFH，T2L＝CCH；TH0＝TL0＝8BH；TH1＝TL1＝64H。

程序代码如下：

```
# include "STC8G. H"
main( )
{
    TMOD = 0x22;
    AUXR = (AUXR|0x80);                //T0 工作于无分频模式
    AUXR = (AUXR|0x40) ;               //T1 工作于无分频模式
    AUXR = (AUXR|0x04) ;               //T2 工作于无分频模式
    T2H = 0xFF;                        //给 T2、T0、T1 定时器设置初值
    T2L = 0xCC;
    TH0 = 0x8B;
    TL0 = 0x8B;
    TH1 = 0x64;
    TL1 = 0x64;
    INTCLKO = (INT_CLKO|0x07);         //允许 T0、T1、T2 输出时钟信号
    TR0 = 1;                           //启动 T0
    TR1 = 1;                           //启动 T1
    AUXR = (AUXR|0x10) ;               //启动 T2
    while(1);                          //无限循环
}
```

本章小结

电子电路中的定时方法有软件定时、硬件定时和可编程定时器定时。可编程定时器的核心是由时序逻辑电路构成加法或减法计数器。一般由计数器、基准时钟源、控制电路和溢出标志位构成。其工作原理是对给定的基准时钟源计数,从而达到计数的目的。

STC8G2K64S4 单片机有 T0～T4 五个定时/计数器。其中 T0 和 T1 有 4 种工作方式,分别是 16 位自动重载模式、16 位定时模式、8 位自动重载模式和不可屏蔽中断的 16 位自动重载模式。实际中,方式 0 使用更灵活,应用更广泛。

定时/计数器 T2、T3、T4 只有一种模式,即 16 位自动重载模式。这 3 个定时/计数器在使用时只能采用中断方式,因为溢出标志被隐含了。

定时/计数器 T0、T1、T2、T3、T4 均可输出可编程时钟 $f_{P3.5}$(P3.5)、$f_{P3.4}$(P3.4)、$f_{P1.3}$(P1.3)、$f_{P0.5}$(P0.5)、$f_{P0.7}$(P0.7)。

定时/计数器 T1、T2、T3、T4 均可用作串口的波特率发生器。

本章习题

一、填空题

1. 电子电路中的定时方法有_____、_____和_____。

2. 定时/计数器 T0 的方式 0 是_____模式,方式 1 是_____模式,方式 2 是_____模式。

3. 定时/计数器 T0 的计满溢出标志是_____,启动位是_____。

4. 定时/计数器 T1 的计满溢出标志是_____,启动位是_____。

5. 定时/计数器 T2 的计数模式是_____。

6. 定时/计数器 T0 的中断使能位是_____,定时/计数器 T1 的中断使能位是_____。

7. 定时/计数器 T2 的中断使能位是_____。

8. 定时/计数器 T3 的中断使能位是_____,定时/计数器 T4 的中断使能位是_____。

9. 定时/计数器 T0 的外部计数脉冲输入引脚是_____,可编程时钟输出引脚是_____。

10. 定时/计数器 T1 的外部计数脉冲输入引脚是_____,可编程时钟输出引脚是_____。

11. 定时/计数器 T2 的外部计数脉冲输入引脚是_____,可编程时钟输出引脚是_____。

12. 定时/计数器 T3 的外部计数脉冲输入引脚是_____,可编程时钟输出引脚是_____。

13. 定时/计数器 T4 的外部计数脉冲输入引脚是_____,可编程时钟输出引脚是_____。

二、选择题

1. 当 TMOD＝0x00 时,T0 的工作方式是_____,_____。

A. 2,定时　　　　B. 1,定时　　　　C. 1,计数　　　　D. 0,定时

2. 当 TMOD＝0x01 时,T1 的工作方式是_____,_____。

A. 0,定时　　　　B. 1,定时　　　　C. 0,计数　　　　D. 1,计数

3. 当 TMOD＝0x04,T1x12＝0 时,T1 的计数脉冲是_____。

A. 系统时钟　　　　　　　　B. 系统时钟的 12 分频

C. P3.4 输入　　　　　　　　D. P3.5 输入

4. 当 TMOD＝0x00,T0x12＝1 时,T0 的计数脉冲是_____。

A. 系统时钟　　　　　　　　B. 系统时钟的 12 分频

C. P3.4 输入　　　　　　　　D. P3.5 输入

三、判断题

1. 当 TF0＝1 时,说明定时/计数器 T0 计满溢出。(　　)

2. 当 TF1＝1 时,说明定时/计数器 T1 未溢出。(　　)

3. 当定时/计数器设为定时模式时,其基准时钟来源于系统时钟。(　　)

4. 定时/计数器 T0 的工作模式是 16 位自动重载模式。(　　)

5. 定时/计数器 T0 的工作模式是 16 位定时模式。(　　)

6. 定时/计数器 T2 的工作模式是 16 位自动重载模式。(　　)

四、简答题

1. 利用定时/计数器设计一个数字时钟,要求能通过 LED 显示器显示时、分、秒,并能通过按键修改时间参数,试画出电路,并完成程序设计。

2. 利用定时/计数器 T2 产生一个频率为 1 kHz 的方波,从 P1.0 引脚输出。

第 7 章　串行通信接口及应用

教学目标

【知识】

(1) 深刻理解计算机中的并行通信和串行通信的结构及工作原理。掌握同步串行通信和异步通信的数据传输格式。

(2) 掌握 STC8G2K64S4 单片机串行口 1~串行口 4 的结构及其相关寄存器配置。

(3) 掌握 STC8G2K64S4 单片机串行口 1~串行口 4 的双机通信、多机通信以及单片机与 PC 通信的应用开发。

【能力】

(1) 具有分析 STC8G2K64S4 单片机异步串行通信电路及程序的能力。

(2) 具有设计 STC8G2K64S4 单片机异步串行通信电路的能力。

(3) 具有配置 STC8G2K64S4 单片机异步串行通信寄存器及进行异步串行通信程序设计的能力。

7.1　串行通信基础

通信是人们传递信息的方式,随着物联网技术的发展,通信技术的应用越来越广泛,单片机与单片机、单片机与通用计算机、单片机与其他通信设备之间的串行通信被广泛应用。

7.1.1　并行通信与串行通信

计算机通信是将计算机技术与通信技术相结合,完成计算机与外部设备或计算机与计算机之间的信息交换。这种信息交换分为两种方式:并行通信和串行通信。并行通信是将数据字节的各位用多条数据线同时进行传送,如图 7.1 所示。并行通信的特点是:控制简单,传送速度快;但由于传输线较多,长距离传送时成本较高,因此仅适用于短距离传送。串行通信是将数据字节分为一位一位的形式,在一条传输线上逐个地传送,如图 7.2 所示。串行通信的特点是:传送速度慢;但传输线少,长距离传送时成本较低,因此适用于长距离传送。

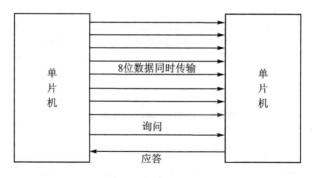

图 7.1　并行通信结构图

图 7.2　串行通信结构图

7.1.2　串行同步通信和异步通信

按照串行通信数据的时钟控制方式,串行通信可分为异步通信和同步通信两类。

1. 异步通信(asynchronous communication)

在异步通信中,数据通常是以字符(或字节)为单位组成字符帧传送的。字符帧由发送端一帧一帧地发送,接收设备通过传输线一帧一帧地接收字符帧。发送端和接收端可以由各自的时钟来控制数据的发送和接收,这两个时钟源彼此独立、互不同步,但要求传送速率一致。在异步通信中,两个字符之间的传输间隔是任意的,所以每个字符的前后都要用一些数位来作为分隔位。发送端和接收端依靠字符帧格式来协调数据的发送和接收,在通信线路空闲时,发送线为高电平(逻辑"1"),每当接收端检测到传输线上发送过来的低电平(逻辑"0",字符帧中的起始位)时,就知道发送端已开始发送;当接收端接收到字符帧中的停止位时,就知道一帧字符信息已发送完毕。在异步通信中,字符帧格式和波特率是两个重要的指标,可由用户根据实际情况选定。

(1) 字符帧(character frame)

字符帧也叫数据帧,由起始位、数据位(纯数据或数据加奇偶校验位)和停止位三部分组成,如图 7.3 所示。

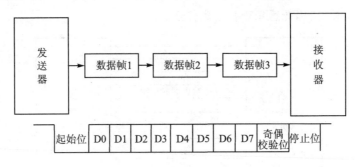

图 7.3　异步通信结构图

起始位：位于字符帧开头，只占一位，始终为低电平（逻辑"0"），用于向接收设备表示发送端开始发送一帧信息。

数据位：紧跟起始位之后，用户根据情况可取 5 位、6 位、7 位或 8 位，低位在前、高位在后（即先发送数据的最低位）。若所传数据为 ASCII 字符，则常取 7 位。

奇偶校验位：位于数据位之后，仅占一位，通常用于对串行通信数据进行奇偶校验。也可由用户定义为其他控制含义，也可以没有。

停止位：位于字符帧末尾，为高电平（逻辑"1"），通常可取 1 位、1.5 位或 2 位，用于向接收端表示一帧字符信息已发送完毕，也为发送下一帧字符做准备。在串行通信中，发送端一帧一帧地发送信息，接收端一帧一帧地接收信息，两个相邻的字符帧之间可以无空闲位，也可以有若干空闲位，这由用户根据需要决定。

(2) 波特率

波特率是异步通信的重要指标，表示每秒传送二进制数码的位数，也叫比特数，单位为 b/s（bps），即位/秒。波特率用于表征数据传输的速度，波特率越高，数据传输速度越快。异步通信的优点是不需要传送同步时钟，字符帧长度不受限制，故设备简单。缺点是字符帧中因包含起始位和停止位而降低了有效数据的传输速率。

2. 同步通信（synchronous communication）

同步通信是一种连续串行传送数据的通信方式，一次通信传输一组数据（包含若干字符数据）。同步通信时要建立发送方时钟对接收方时钟的直接控制，使双方达到完全同步。在发送数据之前先要发送同步字符，再连续发送数据。同步字符有单同步字符和双同步字符之分，如图 7.4 所示。同步通信的字符帧结构由同步字符、数据字符和校验字符 CRC 三部分组成。在同步通信中，同步字符可以采用统一的标准格式，也可以由用户约定。

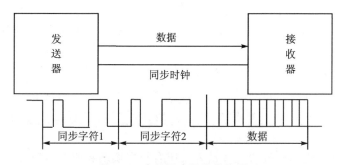

图 7.4　串行同步通信结构图

7.1.3　串行通信的传输方向

在串行通信中,数据是在两个站之间进行传送的,按照数据的传送方向及时间关系,分为单工(simplex)、半双工(half duplex)和全双工(full duplex)三种制式,如图 7.5 所示。

单工制式:通信线的一端接发送器,另一端接接收器,数据只能按照一个固定的方向传送。

半双工制式:系统的每个通信设备都由一个发送器和一个接收器组成。在这种制式下,数据能从 A 站传送到 B 站,也能从 B 站传送到 A 站,但不能同时在两个方向上传送,即只能一端发送、一端接收。其收、发开关一般是软件控制的电子开关。

全双工制式:通信系统的每端都有发送器和接收器,可以同时发送和接收,即数据可以在两个方向上同时传送。

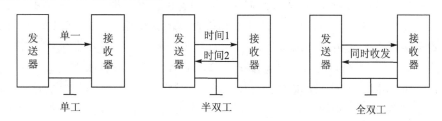

图 7.5　单工、半双工、全双工的数据传输图

7.1.4　串行通信的数据校验

在数据通信中,为了使通信的数据真实有效,往往需要对收/发的数据进行校验,以保证传输数据的准确无误。在嵌入式应用中,串行通信的校验方法有奇偶校验、循环冗余码校验及代码和校验等。

奇偶校验:在串行数据发送中,数据位尾随 1 位奇偶校验位。当约定为奇校验时,数据中“1”的个数与校验位“1”的个数之和应为奇数;当约定为偶校验时,数据中

"1"的个数与校验位"1"的个数之和应为偶数。通信双方的数据应保持一致,在接收数据帧时,对"1"的个数进行校验,若发现不一致,则说明数据传输过程中出现了差错,将通知发送方重发。

循环冗余码校验:循环冗余码校验的纠错能力强,容易实现。该校验通过某种数学运算来实现有效信息与校验位之间的循环校验,常用于对磁盘信息的传输、存储区的完整性进行校验等,是目前应用最广的检错码编码方式之一,广泛应用于同步通信。

代码和校验:代码和校验是发送方将所有数据块求和或各字节异或,然后将所产生的一字节校验字符附加到数据块尾部。接收方接收数据时,同时对数据块求和或各字节异或,将所得结果与发送方的"校验和"进行比较,如果相符,则无差错,否则认为在传输过程中出现了差错。

7.2　STC8G 系列单片机串行口 1

7.2.1　串行口 1 的结构

STC8G2K64S4 单片机内部有 4 个可编程全双工串行通信接口,其内部组成结构基本相同,串行口 1 的结构如图 7.6 所示。每个串行口由 2 个数据缓冲器、2 个移位寄存器、1 个串行控制寄存器和 1 个波特率发生器等组成。每个串行口的数据缓冲器由 2 个互相独立的接收、发送缓冲器构成,可以同时发送和接收数据。发送数据缓冲器只能写入而不能读出,接收数据缓冲器只能读出而不能写入,因而两个缓冲器可以共用一个地址码,串行口 1 的两个数据缓冲器的共用地址码是 99H,串行口 2 的两个数据缓冲器的共用地址码是 9BH。串行口 1 的两个数据缓冲器统称为串行口 1 数据缓冲器 SBUF,当对 SBUF 进行读操作(MOV A, SBUF)时,操作对象是串行口 1 的接收数据缓冲器;当对 SBUF 进行写操作(MOV SBUF, A)时,操作对象是串行口 1 的发送数据缓冲器。串行口 2 的两个数据缓冲器统称为串行口 2 数据缓冲器 S2BUF,当对 S2BUF 进行读操作(MOV A,S2BUF) 时,操作对象是串行口 2 的接收数据缓冲器;当对 S2BUF 进行写操作(MOV S2BUF, A)时,操作对象是串行口 2 的发送数据缓冲器。

STC8G2K64S4 单片机的串行口 1 有 4 种工作方式,其中两种方式的波特率是可变的,另两种是固定的,以应用于不同的场合。串行口 2 只有两种工作方式,这两种方式的波特率都是可变的,用户可以用软件设置不同的波特率和选择不同的工作方式。主机可通过查询或中断的方式对接收、发送的数据进行程序处理。

STC8G2K64S4 单片机的串行口 1、串行口 2 均可通过对功能引脚的切换来实现对收/发引脚的配置,从而可以将一个通信口分时复用为多个通信口。串行口 1 默认对应的发送、接收引脚是 TxD/P3.1、RxD/P3.0,通过设置寄存器 P_SW1 的 S1_ S1、S1_ S0 控制位,串行口 1 的 TxD、RxD 硬件引脚可切换为 P1.7、P1.6 或 P3.7、P3.6。串行口 2 默认对应的发送、接收引脚是 TxD2/P1.1、RxD2/P1.0,通过设置寄存器 P_SW2 的 S2_ S 控制位,串行口 2 的 TxD2、RxD2 硬件引脚可切换为 P4.7、P4.6。

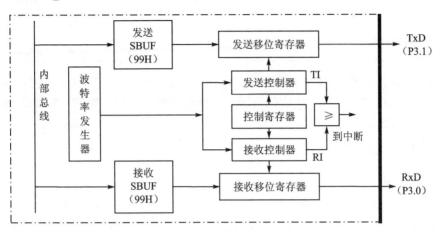

图 7.6　串行口 1 的结构图

7.2.2　串行口 1 的寄存器

与串行口 1 有关的特殊功能寄存器包括串行口 1 的控制寄存器 SCON、数据收/发缓冲寄存器 SBUF、与波特率设置有关的定时/计数器 T1/T2 的有关寄存器、与中断控制有关的寄存器。

1. 串行口 1 的控制寄存器 SCON

串行口 1 的控制寄存器 SCON 用于设定串行口 1 的工作方式、控制是否允许接收及设置状态标志,其字节地址为 98H,可进行位寻址。当单片机复位时,所有位全为 0,其各位功能如下:

寄存器	B7	B6	B5	B4	B3	B2	B1	B0
SCON	SM0/FE	SM1	SM2	REN	TB8	RB8	TI	RI

SM0/FE、SM1:当电源及波特率选择寄存器 PCON 中的 SMOD0＝1 时,该位用于帧错误检测(FE 功能)。当检测到一个无效停止位时,FE 置 1。该位必须由软件清零。

当寄存器 PCON 中的 SMOD0＝0 时,SM0/FE 位用于 SM0 功能,SM0 和 SM1 位可指定串行口的 4 种工作方式,如表 7.1 所列。

表 7.1　串行口 1 的 4 种工作方式

SM1|SM0	工作方式	功　能	波特率	应用场合
00	0	8 位同步移位寄存器方式	$f_{sys}/12$	扩展 I/O 口
01	1	10 位（1＋8＋1）UART	T1、T2 溢出率	双机异步通信
10	2	11 位（1＋8＋1＋1）UART	$f_{sys}/64$、$f_{sys}/32$	多机异步通信
11	3	11 位（1＋8＋1＋1）UART	T1、T2 溢出率	多机异步通信

SM2:多机通信控制位,用于方式 2 和方式 3 中。在方式 2 和方式 3 中,当处于接收状态下,若 SM2＝1,且接收到的第 9 位数据 RB8＝0,则不激活 RI;若 SM2＝1,且 R8＝1,则置位 RI 标志位;若 SM2＝0,则不论接收到的第 9 位 RB8 是 0 还是 1,RI 都以正常方式被激活。

REN:允许串行接收控制位。由软件置位或清零。当 REN＝1 时,启动接收;当 REN＝0 时,禁止接收。

TB8:串行发送数据的第 9 位。在方式 2 和方式 3 中,由软件置位或复位,可作为奇偶校验位。在多机通信中,可作为区别地址帧或数据帧的标志位,一般约定 TB8＝1 为地址帧,TB8＝0 为数据帧。

RB8:在方式 2 和方式 3 中,是接收到的串行数据的第 9 位,可作为奇偶校验位或地址帧、数据帧的标志位。

TI:发送中断标志位。在方式 0 中,发送完 8 位数据后,由硬件置位;在其他方式中,在发送停止位之初由硬件置位。TI 是发送完一帧数据的标志,既可以用查询的方法,也可以用中断的方法来响应该标志,然后在相应的查询服务程序或中断服务程序中,由软件清除 TI。

RI:接收中断标志位。在方式 0 中,接收完 8 位数据后,由硬件置位;在其他方式中,在接收停止位的中间由硬件置位。RI 是接收完一帧数据的标志,同 TI 一样,既可以用查询的方法,也可以用中断的方法来响应该标志,然后在相应的查询服务程序或中断服务程序中,由软件清除 RI。

2. 串行口 1 的数据收/发缓冲寄存器

串行口 1 的数据缓冲寄存器为 SBUF,发送和接收均通过 SBUF 写入或读取数据,其定义如下:

寄存器	B7	B6	B5	B4	B3	B2	B1	B0
SBUF	[7:0]							

3. 电源及波特率选择寄存器 PCON

PCON 主要是为单片机的电源控制而设置的专用寄存器,不可以位寻址,字节地址为 87H，复位值为 30H。其中 SMOD、SMOD0 与串口控制有关，其功能如下：

寄存器	B7	B6	B5	B4	B3	B2	B1	B0
PCON	SMOD	SMOD0	LVDF	POF	GF1	GF0	PD	IDL

SMOD：波特率倍增系数选择位。在方式 1、2 和 3 中，串行通信的波特率与 SMOD 有关。当 SMOD＝0 时，通信速度为基本波特率；当 SMOD＝1 时，通信速度为基本波特率的 2 倍。

SMOD0：帧错误检测有效控制位。当 SMOD0＝1 时，SCON 寄存器中的 SM0/FE 位用于帧错误检测（FE 功能）；当 SMOD0＝0 时，SCON 寄存器中的 SM0/FE 位用于 SM0 功能，SM0 与 SM1 一起指定串行口的工作方式。

4. 辅助寄存器 AUXR

辅助寄存器 AUXR 中与串行口 1 相关的控制位有通信速度位 UART_M0x6 和波特率选择位 S1ST2，其功能如下：

寄存器	B7	B6	B5	B4	B3	B2	B1	B0
AUXR	T0x12	T1x12	UART_M0x6	T2R	T2_C/$\overline{\text{T}}$	T2x12	EXTRAM	S1ST2

UART_M0x6：串行口方式 0 的通信速度设置位。当 UART_M0x6＝0 时，串行口方式 0 的通信速度与传统 8051 单片机一致，波特率为系统时钟频率的 12 分频，即 $f_{sys}/12$；当 UART_M0x6＝1 时，串行口方式 0 的通信速度是传统 8051 单片机通信速度的 6 倍，波特率为系统时钟频率的 2 分频，即 $f_{sys}/2$。

S1ST2：当串行口 1 工作在方式 1、3 中，S1ST2 为串行口 1 波特率发生器选择控制位。当 S1ST2＝0 时，选择定时器 T1 为波特率发生器；当 S1ST2＝1 时，选择定时器 T2 为波特率发生器。

5. 串行口 1 中断相关寄存器

串行口 1 中断相关寄存器有中断允许寄存器 IE 和中断优先级寄存器 IP。IE 的功能如下：

寄存器	B7	B6	B5	B4	B3	B2	B1	B0
IE	EA	ELVD	EADC	ES	ET1	EX1	ET0	EX0

ES：当 ES＝0 时，串行口 1 禁止中断；当 ES＝1，且 EA＝1 时，串行口 1 开放中断，可响应中断服务程序。

当发送完一帧数据时，中断请求标志 TI＝1；当接收完一帧数据时，中断请求标志 RI＝1。若 ES＝1，EA＝1，则会响应一次中断。特别的，串行口 1 的中断入口地址只对应一个，为 0023H，中断编号为 4，若收、发均使能了中断，则在发生中断后，应查询中断请求标志位 TI、RI 以识别中断源。

7.2.3 串行口 1 的工作方式

STC8G2K64S4 单片机的串行通信有 4 种工作方式,可通过串行口 1 的控制寄存器 SCON 中的 SM1、SM0 位来选择,如表 7.1 所列。

1. 方式 0

在方式 0 中,串行口 1 作为 8 位同步移位寄存器使用,其波特率为 $f_{sys}/12$(当 UART_M0x6 为 0 时)或 $f_{sys}/2$(当 UART_M0x6 为 1 时)。串行数据从 RxD(P3.0) 引脚输入或输出,同步移位脉冲从 TxD(P3.1)引脚送出,此方式常用于扩展 I/O 口。

(1) 发 送

当 TI=0,一个数据写入串行口发送缓冲器 SBUF 时,串行口 1 将 8 位数据以 $f_{sys}/12$ 或 $f_{sys}/2$ 的波特率从 RxD(P3.0)引脚输出(低位在前),发送完毕后置位中断请求标志 TI,并向 CPU 请求中断。在再次发送数据之前,必须由软件将 TI 标志清零。方式 0 的发送数据时序如图 7.7 所示。当在方式 0 中发送数据时,串行口可以外接串行输入、并行输出的移位寄存器,如 74LS164、CD494 等芯片,用来扩展并行输出口,其逻辑电路如图 7.8 所示。

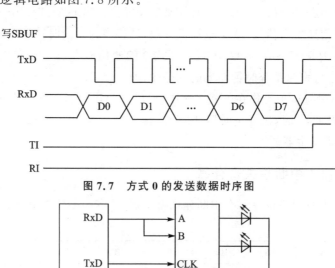

图 7.7 方式 0 的发送数据时序图

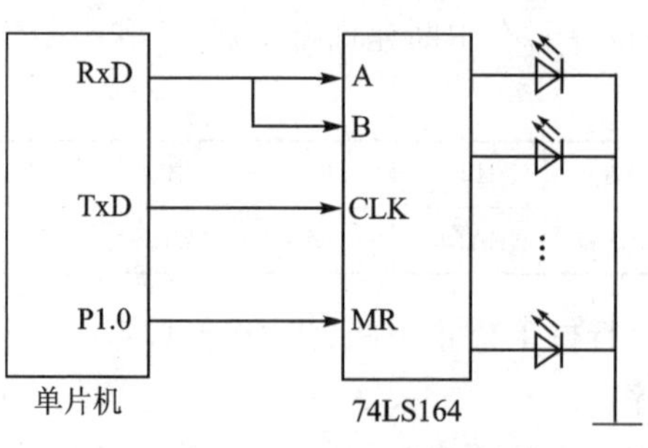

图 7.8 串行口 1 发送数据应用图

例 7.1 如图 7.8 所示,试编写程序控制 8 个发光二极管依次点亮。图中

74LS164 的 CLK 引脚为时钟输入端,A、B 引脚为串行数据输入端,MR 引脚为使能电平工作端。程序代码如下:

```
# include <stc8G.h>
void Delay200ms()                       //@11.059 2 MHz
{
    unsigned char i, j, k;
    i = 9;
    j = 104;
    k = 139;
    do{
        do{
            while ( -- k);
        } while ( -- j);
    } while ( -- i);
}
void main( )
{
    unsigned char i = 0x01;
    SCON = 0x00;                        //设置串行口工作方式 0
    ES = 0;                             //禁止串行中断
    while(1)
    {
        P10 = 0;                        //输出端清零,可以省略不清零
        P10 = 1;                        //允许串行输入、并行输出
        SBUF = i;                       //将数据写入 SBUF,启动发送
        while(TI == 0);                 //查询是否发送完一字节数据
        TI = 0;                         //完成发送,TI 标志清零,以备下次发送
        Delay200ms();
        i = i << 1;                     //等价于 i = i * 2
        if(i == 0x00) i = 0x01;
    }
}
```

(2) 接　收

当 RI=0 时,置位 REN,串行口即开始从 RxD 端以 $f_{sys}/12$ 或 $f_{sys}/2$ 的波特率输入数据(低位在前),当接收完 8 位数据后,置位中断请求标志 RI,并向 CPU 请求中断。在再次接收数据之前,必须由软件将 RI 标志清零。方式 0 的接收数据时序如图 7.9 所示。当在方式 0 中接收数据时,串行口可以外接并行输入、串行输出的移位寄存器,如 74LS165 芯片,用来扩展并行输入口。

串行控制寄存器 SCON 中的 TB8 和 RB8 位在方式 0 中未使用。值得注意的

是,每当发送或接收完 8 位数据后,硬件会自动置 TI 或 RI 为 1;CPU 响应 TI 或 RI 中断后,必须由用户使用软件将 TI 或 RI 清 0。当为方式 0 时,SM2 必须为 0。

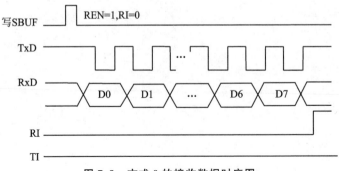

图 7.9 方式 0 的接收数据时序图

2. 方式 1

串行口 1 在方式 1 中为 10 位通用异步接口 UART,其波特率为可变模式。发送或接收的帧信息包括 1 位起始位(0)、8 位数据位和 1 位停止位(1),其帧格式如图 7.10 所示。

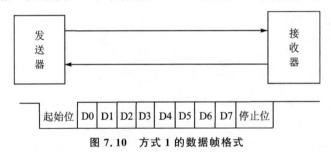

图 7.10 方式 1 的数据帧格式

(1) 发 送

当 TI=0,数据写入发送缓冲器 SBUF 后,就启动了串行口发送过程。在发送移位时钟的同步下,从 TxD 引脚先送出起始位,然后是 8 位数据位,最后是停止位。在一帧 10 位数据发送完毕后,中断标志 TI 置 1。方式 1 的发送数据时序如图 7.11 所示。方式 1 数据传输的波特率取决于定时器 T1 的溢出率和寄存器 PCON 中的 SMOD 位,或者定时器 T2 的溢出率。

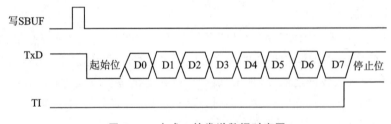

图 7.11 方式 1 的发送数据时序图

（2）接　收

当 RI＝0 时，置位 REN，启动串行口接收过程。当检测到 RxD 引脚的输入电平发生负跳变时，接收器以所选择波特率的 16 倍速率采样 RxD 引脚的电平，以 16 个脉冲中的 7、8、9 这三个脉冲为采样点，取两个或两个以上的相同值为采样电平，若检测到的电平为低电平，则说明起始位有效，并以同样的检测方法接收这一帧信息的其余位。在接收过程中，8 位数据装入接收缓冲器 SBUF 中。在接收到停止位时，置位 RI，向 CPU 请求中断。方式 1 的接收数据时序如图 7.12 所示。

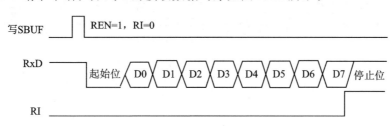

图 7.12　方式 1 的接收数据时序图

当为方式 1 时，串行口的波特率为定时/计数器 T1 或 T2 的溢出率。波特率计算公式如表 7.2 所列。

表 7.2　方式 1 的波特率计算公式表

定时器	时钟速率	波特率计算公式
定时器 T2	$1T$	定时器 T2 重载值 $=65\,536-\dfrac{f_{\text{SYSclk}}}{4\times\text{波特率}}$
	$12T$	定时器 T2 重载值 $=65\,536-\dfrac{f_{\text{SYSclk}}}{12\times4\times\text{波特率}}$
定时器 T1 方式 0	$1T$	定时器 T1 重载值 $=65\,536-\dfrac{f_{\text{SYSclk}}}{4\times\text{波特率}}$
	$12T$	定时器 T1 重载值 $=65\,536-\dfrac{f_{\text{SYSclk}}}{12\times4\times\text{波特率}}$
定时器 T1 方式 2	$1T$	定时器 T1 重载值 $=256-\dfrac{2^{\text{SMOD}}\times f_{\text{SYSclk}}}{32\times\text{波特率}}$
	$12T$	定时器 T1 重载值 $=256-\dfrac{2^{\text{SMOD}}\times f_{\text{SYSclk}}}{12\times32\times\text{波特率}}$

例 7.2　设单片机采用 11.059 MHz 的晶振，串行口工作于方式 1，波特率为 9 600 b/s。请对串行口 1 初始化。

解：单片机采用 11.059 MHz 的晶振，利用定时器 T1 的方式 0，12T 时钟速率，根据计算公式可得出定时器 T1 的初值＝65 536－24＝65 512＝FFE8H。因此初始化程序代码如下：

```
void UartInit(void)          //9 600 b/s@11.059 2 MHz
{
    SCON = 0x50;             //8 位数据,可变波特率
    AUXR &= 0xBF;            //定时器时钟 12T 模式
    AUXR &= 0xFE;            //串行口 1 选择定时器 1 为波特率发生器
    TMOD &= 0x0F;            //设置定时器模式
    TL1 = 0xE8;             //设置定时器初值
    TH1 = 0xFF;             //设置定时器初值
    ET1 = 0;               //禁止定时器 %d 中断
    TR1 = 1;               //定时器 1 开始计时
}
```

3. 方式 2

串行口 1 在方式 2 中为 11 位异步接口 UART,其波特率为固定模式。一帧的信息包括 1 位起始位(0)、8 位数据位、1 位可编程位(如用于奇偶校验)和 1 位停止位(1),其帧格式如图 7.13 所示。

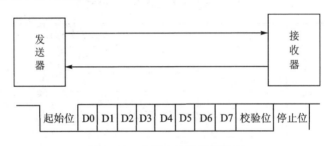

图 7.13 方式 2 的数据帧格式

(1) 发 送

发送前,先根据通信协议由软件设置好 TB8。当 TI＝0 时,用指令将要发送的数据写入 SBUF,即启动发送器的发送过程。在发送移位时钟的同步下,从 TxD 引脚先送出起始位,然后依次是 8 位数据位和 TB8,最后是停止位。在一帧 11 位数据发送完毕后,置位中断请求标志 TI,并向 CPU 发出中断请求。在发送下一帧信息之前,TI 必须由中断服务程序或查询程序清 0。方式 2 的发送数据时序如图 7.14 所示。

(2) 接 收

当 RI＝0 时,置位 REN,启动串行口接收过程。当检测到 RxD 引脚的输入电平发生负跳变时,接收器以所选择波特率的 16 倍速率采样 RxD 引脚的电平,以 16 个

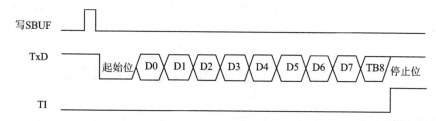

图 7.14　方式 2 的发送数据时序图

脉冲中的 7、8 这两个脉冲为采样点,取两个或两个以上的相同值为采样电平,若检测到的电平为低电平,则说明起始位有效,并以同样的检测方法接收这一帧信息的其余位。在接收过程中,8 位数据装入接收缓冲器 SBUF 中,第 9 位数据装入 RB8 中,当接收到停止位时,若 SM2＝0 或 1,且接收的 RB8＝1,则置位 RI,向 CPU 请求中断;否则,不置位 RI,接收数据丢失。方式 2 的接收数据时序如图 7.15 所示。

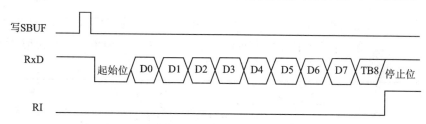

图 7.15　方式 2 的接收数据时序图

　　方式 2 的波特率固定为系统时钟的 64 分频或 32 分频,取决于寄存器 PCON 中的 SMOD 位,其计算公式如表 7.3 所列。

表 7.3　方式 2 的波特率计算公式表

SMOD	波特率计算公式
0	波特率 $=\dfrac{f_{\text{SYSclk}}}{64}$
1	波特率 $=\dfrac{f_{\text{SYSclk}}}{32}$

4. 方式 3

　　串行口 1 在方式 3 中与方式 2 一样也为 11 位异步接口 UART,但其波特率为可变模式。方式 3 与方式 2 的区别在于波特率的设置方法不同,方式 3 的数据传输的波特率与方式 1 的一样,取决于定时器 T1 或 T2 的溢出率。

　　方式 3 的发送过程和接收过程,除了发送、接收的速率不同外,其他过程与方式 2 的完全一致。由于方式 2 和方式 3 在接收过程中,只有当 SM2＝0 或 1,且接收到的 RB8＝1 时,才会置位 RI,向 CPU 请求中断,接收数据;否则不置位 RI,接收数据丢失,因此,方式 2 和方式 3 常用于多机通信。

7.3　STC8G 系列单片机串行口 2

STC8G2K64S4 单片机串行口 2 默认对应的发送、接收引脚是 TxD2/P1.1、RxD2/P1.0,通过寄存器 P_SW2 设置 S2_S 控制位,串行口 2 的 TxD2、RxD2 硬件引脚可切换为 P4.7、P4.6。

7.3.1　串行口 2 的寄存器

1．串行口 2 的控制寄存器 S2CON

串行口 2 的控制寄存器 S2CON 用于设定串行口 2 的工作方式、控制是否允许接收及设置状态标志,其字节地址为 9AH,可进行位寻址。当单片机复位时,所有位全为 0,其功能如下:

寄存器	B7	B6	B5	B4	B3	B2	B1	B0
S2CON	S2SM0	—	S2SM2	S2REN	S2TB8	S2RB8	S2TI	S2RI

S2SM0:指定串行口 2 的工作方式,如表 7.4 所列。

表 7.4　串行口 2 的工作方式

S2SM0	工作方式	功能说明
0	方式 0	可变波特率 8 位数据方式
1	方式 1	可变波特率 9 位数据方式

S2SM2:多机通信控制位,用于方式 1 中。当方式 1 处于接收时,若 S2SM2＝1,且 S2REN＝1,则接收机处于地址帧筛选状态,此时可利用接收到的第 9 位数据 S2RB8 来筛选地址帧:若 S2RB8＝1,则说明该帧是地址帧,地址信息可以写入 S2BUF,并使 S2RI＝1,进而在中断服务程序中再进行地址号比较;若 S2RB8＝0,则说明该帧不是地址帧,应将其丢掉且保持 S2RI＝0。在方式 1 中,如果 S2SM2＝0 且 S2REN＝1,则接收机处于地址帧筛选被禁止状态。不论收到的 S2RB8 为 0 或 1,均可使接收到的信息写入 S2BUF,并使 S2RI＝1,此时 S2RB8 通常为校验位。方式 0 为非多机通信方式,在这种方式下,需设置 S2SM2 为 0。

S2REN:允许串行接收控制位。由软件置位或清零。当 S2REN＝1 时,启动接收;当 S2REN＝0 时,禁止接收。

S2TB8:串行发送数据的第 9 位。在方式 1 中,由软件置位或清零,可作为奇偶校验位。在多机通信中,可作为区别地址帧或数据帧的标志位,一般约定,当作为地址帧时 S2TB8＝1,当作为数据帧时 S2TB8＝0。

S2RB8:在方式 1 中,是串行接收数据的第 9 位,作为奇偶校验位、地址帧或数据帧的标志位。

S2TI:发送中断标志位。在发送停止位时由硬件置位。S2TI 是发送完一帧数据的标志,既可以采用查询的方法,也可以采用中断的方法来响应该标志,然后在相应的查询服务程序或中断服务程序中,由软件清除 S2TI。

S2RI:接收中断标志位。在接收停止位期间由硬件置位。S2RI 是接收完一帧数据的标志,与 S2TI 一样,既可以采用查询的方法,也可以采用中断的方法来响应该标志,然后在相应的查询服务程序或中断服务程序中,由软件清除 S2RI。

2. 串行口 2 的数据缓冲器 S2BUF

S2BUF 是串行口 2 的数据缓冲器,与 SBUF 一样,一个地址对应两个物理上的缓冲器,当对 S2BUF 执行写操作时,对应的是串行口 2 的发送数据缓冲器,同时写缓冲器操作又是串行口 2 的启动发送命令;当对 S2BUF 执行读操作时,对应的是串行口 2 的接收数据缓冲器,用于读取串行口 2 串行接收进来的数据。S2BUF 的各位定义如下:

寄存器	B7	B6	B5	B4	B3	B2	B1	B0
S2BUF	[7:0]							

3. 其他寄存器

与单片机串行口 2 有关的其他寄存器包括与波特率设置有关的定时/计数器 T2 的相关寄存器和与中断控制相关的寄存器,它们的功能如下:

寄存器	B7	B6	B5	B4	B3	B2	B1	B0
AUXR	T0x12	T1x12	UART_M0x6	T2R	T2_C/T	T2x12	EXTRAM	S1ST2
T2L	[7:0]							
T2H	[7:0]							
IE2	—	—	—	—	—	—	ESPI	ES2
IP2	—	—	—	—	—	—	PSPI	PS2
P_SW2	—	—	—	—	—	—	—	S2_S

AUXR、T2L、T2H:串行口 2 的与波特率配置相关的寄存器。

IE2:其中的 ES2 位是串行口 2 的中断允许位,“1”为允许,“0”为禁止。

IP2:其中的 PS2 位是串行口 2 的中断优先级设置位,“1”为高级,“0”为低级。

P_SW2:其中的 S2_S 位为通信引脚切换。

7.3.2 串行口 2 的工作方式与波特率

STC8G2K64S4 单片机串行口 2 的工作方式有两种：方式 0 和方式 1，波特率为定时器 T2 的溢出率（1T 方式和 12T 方式两种）。

方式 0 为 8 位数据位可变波特率 UART 工作模式，此模式的一帧信息为 10 位（1 位起始位、8 位数据位、1 位停止位）。波特率可变，可根据需要进行设置。TxD2 为数据发送口，RxD2 为数据接收口，串行口可全双工接收和发送数据。

方式 1 为 9 位数据位可变波特率 UART 工作模式，此模式的一帧信息为 11 位（1 位起始位、9 位数据位、1 位停止位）。波特率可变，可根据需要进行设置。TxD2 为数据发送口，RxD2 为数据接收口，串行口可全双工接收和发送数据。

两种方式的波特率计算公式均相同，如表 7.5 所列。

表 7.5 串行口 2 的波特率计算公式表

定时器	时钟速率	波特率计算公式
定时器 T2	1T	定时器 T2 重载值 $= 65\ 536 - \dfrac{f_{SYSclk}}{4 \times 波特率}$
	12T	定时器 T2 重载值 $= 65\ 536 - \dfrac{f_{SYSclk}}{12 \times 4 \times 波特率}$

7.3.3 串行口硬件引脚的切换

STC8G2K64S4 单片机的串行口 1 和串行口 2 的通信引脚也可通过配置切换到其他引脚，通过对寄存器 P_SW1（AUXR1）中的 S1_ S1、S1_ S0 位和寄存器 P_SW2 中的 S2_S 位的控制，来实现串行口 1、串行口 2 的发送与接收硬件引脚在不同端口之间的切换。P_SW1、P_SW2 的定义如下：

寄存器	B7	B6	B5	B4	B3	B2	B1	B0
P_SW1	S1_S1	S1_S0	CCP_S1	CCP_S0	SPI_SI	SPI_S0	0	DPS
P_SW2								S2_S

1. 串行口 1 硬件引脚切换

串行口 1 的硬件引脚切换由 S1_ S1、S1_ S0 进行控制，具体切换情况如表 7.6 所列。

表 7.6　串行口 1 的引脚切换表

S1_S1	S1_S0	串行口 1	
		TxD	RxD
0	0	P3.1	P3.0
0	1	P3.7	P3.6
1	0	P1.7	P1.6
1	1	无效	

2. 串行口 2 硬件引脚切换

串行口 2 的硬件引脚切换由 S2_S 进行控制,具体切换情况如表 7.7 所列。

表 7.7　串行口 2 的引脚切换表

S2_S	串行口 2	
	TxD2	RxD2
0	P1.1	P1.0
1	P4.7	P4.6

建议:用户可将自己的工作串口设置在 P1.0(RxD2)和 P1.1(TxD2)上,而将 P3.0(RxD)和 P3.1(TxD)作为 ISP 下载的专用通信口。

7.4　STC8G 系列单片机串行口 3 和串行口 4

7.4.1　串行口 3 和串行口 4 的寄存器

串行口 3 和串行口 4 的寄存器的功能均一致。串行口 3 的寄存器有控制寄存器 S3CON 和数据寄存器 S3BUF,串行口 4 的寄存器有控制寄存器 S4CON 和数据寄存器 S4BUF。

1. 串行口 3 和串行口 4 的控制寄存器 S_nCON

串行口 3 和串行口 4 的控制寄存器为 S_nCON(其中 n 表示 3 和 4)。其功能有模式配置、接收使能配置、发送第 9 位数据、接收第 9 位数据和发送/接收标志位。各位功能如下:

寄存器	B7	B6	B5	B4	B3	B2	B1	B0
S_nCON	S_nSM0	S_nST_n	S_nSM2	S_nREN	S_nTB8	S_nRB8	S_nTI	S_nRI

$Sn\text{SM0}$:指定串行口 3 和串行口 4 的工作方式,如表 7.8 所列。

表 7.8　串行口 3 和串行口 4 的工作方式

$Sn\text{SM0}$	工作方式	功能说明
0	方式 0	可变波特率 8 位数据方式
1	方式 1	可变波特率 9 位数据方式

$Sn\text{ST}n$:选择串行口 3 和串行口 4 的波特率发生器。当 $Sn\text{ST}n=0$ 时,选择定时器 2 作为串行口 n 的波特率发生器;当 $Sn\text{ST}n=1$ 时,选择定时器 3 作为串行口 n 的波特率发生器。

$Sn\text{SM2}$:多机通信控制位,用于方式 1 中。在方式 1 处于接收时,若 $Sn\text{SM2}=1$,且 $Sn\text{REN}=1$,则接收机处于地址帧筛选状态。此时可利用接收到的第 9 位数据 $Sn\text{RB8}$ 来筛选地址帧;若 $Sn\text{RB8}=1$,说明该帧是地址帧,地址信息可写入 $Sn\text{BUF}$,并使 $Sn\text{RI}=1$,进而在中断服务程序中再进行地址号比较;若 $Sn\text{RB8}=0$,说明该帧不是地址帧,应丢掉且保持 $Sn\text{RI}=0$。在方式 1 中,如果 $Sn\text{SM2}=0$,且 $Sn\text{REN}=1$,则接收机处于地址帧筛选被禁止状态,此时不论收到的 $Sn\text{RB8}$ 为 0 或 1,均可使接收到的信息写入 $Sn\text{BUF}$,并使 $Sn\text{RI}=1$,这时 S2RB8 通常为校验位。方式 0 为非多机通信方式,在这种方式下,要设置 $Sn\text{SM2}=0$。

$Sn\text{REN}$:允许串行接收控制位。由软件置位或清零。当 $Sn\text{REN}=1$ 时,启动接收;当 $Sn\text{REN}=0$ 时,禁止接收。

$Sn\text{TB8}$:串行发送数据的第 9 位。在方式 1 中,由软件置位或清零,可作为奇偶校验位。在多机通信中,可作为区别地址帧或数据帧的标识位,一般约定,当为地址帧时 $Sn\text{TB8}=1$,当为数据帧时 $Sn\text{TB8}=0$。

$Sn\text{RB8}$:在方式 1 中,是串行接收到的第 9 位数据,作为奇偶校验位、地址帧或数据帧的标志位。

$Sn\text{TI}$:发送中断标志位,在发送停止位时由硬件置位。$Sn\text{TI}$ 是发送完一帧数据的标志,既可以用查询的方法,也可以用中断的方法来响应该标志,然后在相应的查询服务程序或中断服务程序中,由软件清零。

$Sn\text{RI}$:接收中断标志位,在接收停止位的中间由硬件置位。$Sn\text{RI}$ 是接收完一帧数据的标志,同 $Sn\text{TI}$ 一样,既可以用查询的方法,也可以用中断的方法来响应该标志,然后在相应的查询服务程序或中断服务程序中,由软件清零。

2. 串行口 3 和串行口 4 的数据寄存器 $Sn\text{BUF}$

串行口 3 和串行口 4 的数据寄存器为 $Sn\text{BUF}$(其中 n 表示 3 和 4),用于接收和发送串行数据。各位的定义如下:

寄存器	B7	B6	B5	B4	B3	B2	B1	B0
SnBUF				[7:0]				

7.4.2　串行口 3 和串行口 4 的工作方式 0

串行口 3 和串行口 4 的工作方式 0 为 8 位数据位可变波特率 UART 工作模式。此模式的一帧信息为 10 位:1 位起始位、8 位数据位、1 位停止位。TxDn 为数据发送口,RxDn 为数据接收口,串行口可全双工接收和发送数据。

串行口 3 和串行口 4 的波特率是可变的,其波特率可由定时器 2 和定时器 3 产生。当定时器采用 1T 模式时,波特率的速度也会相应提高 12 倍,波特率计算公式如表 7.9 所列。

表 7.9　串行口 3 和串行口 4 的波特率计算公式表

定时器	时钟速率	波特率计算公式
定时器 T2	1T	定时器 T2 重载值 $= 65\,536 - \dfrac{f_{\text{SYSclk}}}{4 \times 波特率}$
	12T	定时器 T2 重载值 $= 65\,536 - \dfrac{f_{\text{SYSclk}}}{12 \times 4 \times 波特率}$
定时器 T3	1T	定时器 T3 重载值 $= 65\,536 - \dfrac{f_{\text{SYSclk}}}{4 \times 波特率}$
	12T	定时器 T3 重载值 $= 65\,536 - \dfrac{f_{\text{SYSclk}}}{12 \times 4 \times 波特率}$

7.4.3　串行口 3 和串行口 4 的工作方式 1

串行口 3 和串行口 4 的工作方式 1 为 9 位数据位可变波特率 UART 工作模式。此模式的一帧信息为 11 位:1 位起始位、9 位数据位、1 位停止位。TxDn 为数据发送口,RxDn 为数据接收口,串行口可全双工接收和发送数据。

串行口 3 和串行口 4 的波特率是可变的,其波特率计算公式与方式 0 完全相同。

7.5　STC8G 系列单片机串行口应用设计案例

7.5.1　双机通信设计

例 7.3　如图 7.16 所示,单片机甲、乙两机进行串行通信,甲机从 P3.2、P3.3 引脚输入开关信号,并发送给乙机,乙机做出不同动作。当甲机上与 P3.2 引脚连接的按键 K1 被按下时,乙机外接的 LED1 点亮;当甲机上与 P3.3 引脚连接的按键 K2 被按下时,乙机外接的 LED2 点亮。

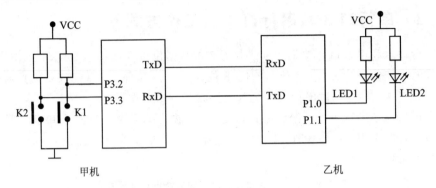

图 7.16　例 7.3 图

分析:在应用中,串行口的接收一般采用中断方式,发送采用查询方式。本例的系统时钟采用 11.059 2 MHz,波特率=9 600 b/s;数据位为 8 位;无校验位;停止位为 1。例中使用定时器 T1 作为波特率发生器,由波特率的计算公式可知,定时器的初值为 0xFEE0。

甲机数据发送:采用查询标志位的方式进行。

乙机数据接收:采用中断方式进行,并需使能接收中断。

甲机的发送程序代码如下:

```
# include <stc8G.h>
uchar temp;
/ ***********************UART1 初始化程序 ********************* /
void UartInit(void)              //9 600 b/s@11.059 2 MHz
{
    SCON = 0x50;                 //8 位数据,可变波特率
    AUXR | = 0x40;               //定时器 1 的时钟为 Fosc,即 1T
    AUXR & = 0xFE;               //串行口 1 选择定时器 1 为波特率发生器
    TMOD & = 0x0F;               //设置定时器 1 为 16 位自动重载方式
    TL1 = 0xE0;                  //设置定时器初值
    TH1 = 0xFE;                  //设置定时器初值
    ET1 = 0;                     //禁止定时器 1 中断
    TR1 = 1;                     //启动定时器 1
}
/ *********************** 主程序 *********************** /
void main()
{
    UartInit();
    P3 = 0xff;
    while(1)
```

```
    {
        if(P32 == 0)
        {
            SBUF = 0x00;
            while(TI == 0);
            TI = 0;
        }
        if(P33 == 0)
        {
            SBUF = 0x01;
            while(TI == 0);
            TI = 0;
        }
    }
}
```

乙机的接收程序代码如下：

```
# include <stc8G.h>
uchar temp;
/ * * * * * * * * * * * * * * * * * * * * * * * * * * UART1 初始化程序 * * * * * * * * * * * * * * * * /
void UartInit(void)                   //9 600 b/s@11.059 2 MHz
{
    SCON = 0x50;                      //8 位数据,可变波特率
    AUXR |= 0x40;                     //定时器 1 的时钟为 Fosc,即 1T
    AUXR &= 0xFE;                     //串行口 1 选择定时器 1 为波特率发生器
    TMOD &= 0x0F;                     //设置定时器 1 为 16 位自动重载方式
    TL1 = 0xE0;                       //设置定时器初值
    TH1 = 0xFE;                       //设置定时器初值
    ET1 = 0;                          //禁止定时器 1 中断
    ES = 1;                           //开串行口中断
    EA = 1;                           //开总中断
    TR1 = 1;                          //启动定时器 1
}
/ * * * * * * * * * * * * * * * * * * * * * * * * * 主程序 * * * * * * * * * * * * * * * * * * * * * * * /
void main()
{
    UartInit();
    P3 = 0xff;
    while(1);
}
/ * * * * * * * * * * * * * * * * * * * * * UART1 中断服务程序 * * * * * * * * * * * * * * * * * * * /
```

```
void uart_isr() interrupt 4
{
    if(RI == 1)
    {
        RI = 0;
        temp = SBUF;
        if(temp == 0x00)
        {
            P10 = ! P10;
        }
        if(temp == 0x01)
        {
            P11 = ! P11;
        }
    }
}
```

7.5.2　多机通信设计

在很多实际应用系统中,需要多台微型计算机协调工作。STC8G 系列单片机的串行口 1 的通信方式 2 和方式 3 具有多机通信功能,可构成各种分布通信系统。多机通信结构如图 7.17 所示。

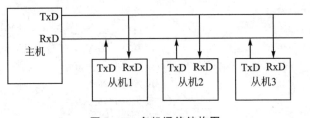

图 7.17　多机通信结构图

1. 多机通信的基本原理

在多机通信系统中,为了保证主机与多台从机之前进行可靠通信,串行通信必须具备识别能力。在 SCON 寄存器中设有多机通信选择位 SM2。当程序设置 SM2=1 时,串行通信工作于方式 2 或方式 3,发送端通过对 TB8 的设置来区分发送的是地址帧(TB8=1)还是数据帧(TB8=0)。接收端对接收到的 RB8 进行识别。当 SM2=1 时,若接收到的 RB8=1,则被确认是呼叫地址帧,同时将该帧内容写入 SBUF 中,并置位 RI=1,向 CPU 请求中断,进行地址呼叫处理;若 RB8=0,则被确认是数据帧,接收的信息将被丢弃。当 SM2=0 时,则无论是地址帧还是数据帧均接收,并置位

RI＝1，向 CPU 请求中断，将该帧内容写入 SBUF。据此原理，可实现多机通信。

对于如图 7.17 所示的多机通信系统，从机的地址为 0、1、2、…实现多机通信的过程如下：

① 置全部从机的 SM2＝1，使其处于只接收地址帧状态。

② 主机首先发送呼叫地址帧信息，将 TB8 设置为 1，以表示发送的是呼叫地址帧。

③ 所有从机接收到呼叫地址帧后，各自将接收到的主机呼叫的地址与从机的地址相比较：若比较结果相等，则为被寻址从机，设置 SM2＝0，准备接收从主机发送的数据帧，直至全部数据传输完；若比较结果不相等，则为非寻址从机，将维持 SM2＝1 不变，对其后发来的数据不接收，且不置位 RI，即 RI＝0。

④ 主机在发送完呼叫地址帧后，接着发送一连串的数据帧，其中的 TB8＝0，表示为数据帧。

⑤ 当主机要寻呼其他从机进行通信时，则再发呼叫地址帧，寻呼其他从机。当原先被寻址的从机经分析得知主机在寻呼其他从机时，将恢复其 SM2＝1，并且不接收其后主机发送的数据帧。

2. 自动地址识别

STC8G2K64S4 单片机具有自动地址识别功能，主要用于多机通信领域。其主要工作原理是：从机通过硬件比较功能来识别来自主机串口的数据中的地址信息，通过寄存器 SADDR 和 SADEN 设置本机的从机地址，硬件自动对从机地址进行过滤，若主机发送的从机地址信息与本机设置的从机地址信息相匹配，则硬件产生串口中断；否则硬件自动丢弃串口数据，而不产生接收中断。当众多处于空闲模式的从机连接在一起时，只有从机地址相匹配的从机才会被从空闲模式唤醒，从而可大大降低从机 MCU 的功耗，即使从机处于正常工作状态，也可避免不停地进入中断而降低系统的执行效率。

要想使用串口的自动地址识别功能，首先需将参与通信的 MCU 的串口通信的工作方式设为方式 2 或方式 3（一般设为方式 3，波特率可调），并置位从机寄存器 SCON 的 SM2 位。串口帧格式中的第 9 位数据（RB8）为地址/数据标志位，当第 9 位数据为 1 时，表示前面的 8 位数据（在 SBUF 中）为地址信息。当 SM2＝1 时，从机 MCU 会自动过滤掉非地址数据（即第 9 位为 0 时的数据），而将 SBUF 中的地址数据（即第 9 位为 1 时的数据）自动与寄存器 SADDR 和 SADEN 所设置的本机地址进行比较，若地址匹配，则会将 RI 置"1"，并产生中断；否则不处理本次接收的串口数据。

从机地址是通过 SADDR 和 SADEN 这两个寄存器进行设置的。SADDR 为从机地址寄存器，其中存放本机的从机地址。SADEN 为从机地址屏蔽位寄存器，用于设置地址信息的忽略位。SADDR 寄存器的地址为 A9H，SADEN 寄存器的地址为

B9H,两个寄存器的定义如下:

寄存器	B7	B6	B5	B4	B3	B2	B1	B0
SADDR				[7:0]				
SADEN				[7:0]				

例如:

SADDR=1100 1010

SADEN=1000 0001

则匹配地址为 1xxx xxx0,即只要主机发送的地址数据中的 B0 位为 0,且 B7 位为 1,就说明与本从机的地址匹配。

再例如:

SADDR=1100 1010

SADEN=0000 1111

则匹配地址为 xxxx 1010,即只要主机发送的地址数据中的低四位 B3~B0 为 1010,就说明与本从机的地址匹配。

主机可使用广播地址(FFH),同时选中所有从机进行通信。

例 7.4 PC(作为主机)与两个单片机(作为从机)进行数据通信,从机采用自动地址识别方式进行匹配,通信电路如图 7.18 所示。

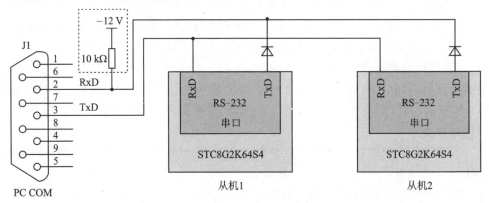

图 7.18 自动地址识别多机通信电路图

```
#include "STC8G.h"
#include "intrins.h"
#define      FOSC      11059200UL
#define      BAUD      115200
typedef unsigned char BYTE;
typedef unsigned int WORD;
#define      SLAVE     1          //定义从机编号,0 为从机 1,1 为从机 2
#if SLAVE == 0
```

```
#define      SAMASK    0x33              //从机 1 地址屏蔽位
#define      SERADR    0x55              //从机 1 的地址为 xx01,xx01
#define      ACKTST    0x78              //从机 1 应答测试数据
#else
#define      SAMASK    0x3C              //从机 2 地址屏蔽位
#define      SERADR    0x5A              //从机 2 的地址为 xx01,10xx
#define      ACKTST    0x49              //从机 2 应答测试数据
#endif
#define      URMD      2                 //0:使用定时器 2 作为波特率发生器
                        //1:使用定时器 1 的方式 0(16 位自动重载模式)作为波特率发生器
                        //2:使用定时器 1 的方式 2(8 位自动重载模式)作为波特率发生器
void InitUart();
char count;
/************************ 主程序 ****************************/
void main()
{
    InitUart();                 //初始化串口
    ES = 1;
    EA = 1;
    while (1);
}
/********************** UART 中断服务程序 *******************/
void Uart() interrupt 4
{
    if (TI)
    {
        TI = 0;                 //清除 TI 位
        if (count != 0)
        {
            count--;
            SBUF = ACKTST;      //继续发送应答数据
        }
        else
        {
            SM2 = 1;            //若发送完成,则重新开始地址检测
        }
    }
    if (RI)
    {
        RI = 0;                 //清除 RI 位
        SM2 = 0;                //本机被选中后,进入数据接收状态
```

```
            count = 7;
            SBUF = ACKTST;              //开始发送应答数据
        }
    }
}
/ ************************初始化串口************************/
void InitUart()
{
    SADDR = SERADR;
    SADEN = SAMASK;
    SCON = 0xF8;                        //设置串口为9位可变波特率,使能多机通信检测
#if URMD == 0
    T2L = (65536 - (FOSC/4/BAUD));
    T2H = (65536 - (FOSC/4/BAUD)) >> 8;
    AUXR = 0x14;                        //定时器2为1T模式,并启动定时器2
    AUXR |= 0x01;                       //选择定时器2为串口1的波特率发生器
#elif URMD == 1
    AUXR = 0x40;                        //定时器1为1T模式
    TMOD = 0x00;                        //设置定时器1为方式0(16位自动重载模式)
    TL1 = (65536 - (FOSC/4/BAUD));
    TH1 = (65536 - (FOSC/4/BAUD)) >> 8;
    TR1 = 1;                            //启动定时器1
#else
    TMOD = 0x20;                        //设置定时器1为方式2(8位自动重载模式)
    AUXR = 0x40;                        //定时器1为1T模式
    TH1 = TL1 = (256 - (FOSC/32/BAUD));
    TR1 = 1;
#endif
}
```

通信的调试方法如下:

① 将两个 MCU 按照图 7.17 连接。

② 将代码中的 SLAVE 定义为 0("define SLAVE 0"),将编译产生的 HEX 文件烧录到从机 1 的 MCU 中;再将 SLAVE 定义为 1("define SLAVE 1"),将编译产生的 HEX 文件烧录到从机 2 的 MCU 中。

③ 在 PC 端打开串口助手,将串口设置为如图 7.19 所示的模式。

④ 从串口助手终端发送 0x55,则会选中从机 1,此时从机 1 应答的数据为 8 个 0x78,如图 7.20 所示。

⑤ 从串口助手终端发送 0x5a,则会选中从机 2,此时从机 2 应答的数据为 8 个 0x49,如图 7.21 所示。

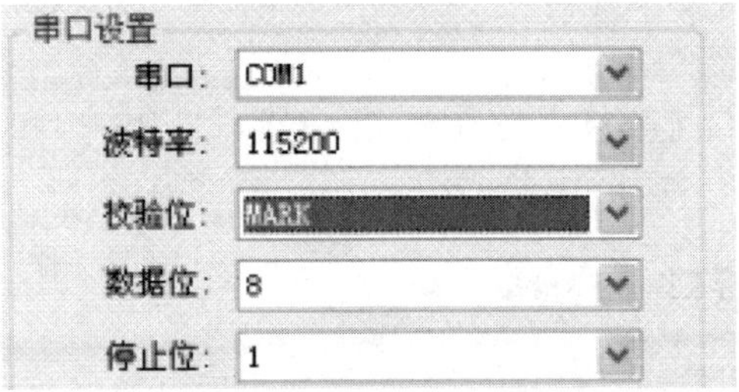

图 7.19 串口助手设置图

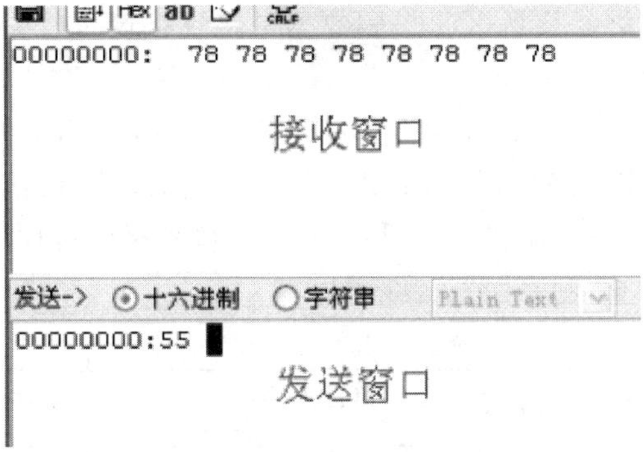

图 7.20 从机 1 接收数据

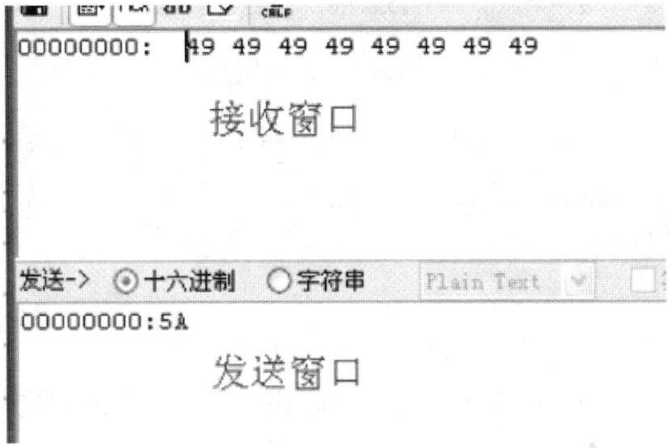

图 7.21 从机 2 接收数据

7.5.3 单片机与 PC 之间的通信设计

在单片机应用系统中,与上位机的数据通信主要采用异步串行通信。在设计通信接口时,必须根据需要选择标准接口,并考虑传输介质、电平转换等问题。采用标准接口后,能够方便地把单片机、外设和测量仪器等有机地连接起来,从而构成一个测控系统。例如,当需要单片机与 PC 通信时,通常采用 RS - 232C 接口进行电平转换。

异步串行通信接口主要有三类:RS - 232C 接口;RS - 449 接口,RS - 422 接口;RS - 485 接口。

1. RS - 232C 接口

RS - 232C 是使用最早、应用最多的一种异步串行通信总线标准,是由美国电子工业协会(EA)1962 年公布、1969 年最后修订而成的。其中 RS 表示 Romomen Sndad.232,是该标准的标识号,C 表示最后一次修定。RS - 232C 主要用来定义计算机系统中一些数据终端设备(DTE)和数据电路连接设备(DCE)之间的电气性能。51 单片机与 PC 的通信通常采用该种类型的接口。RS - 232C 串行接口总线适用于设备之间的通信距离不大于 15 m,且传输速率最大为 20 kb/s 的应用场合。

RS - 232C 采用串行格式,如图 7.22 所示。该标准规定:信息的开始为起始位,信息的结束为停止位;信息本身可以是 5、6、7、8 位数据位再加一位奇偶校验位。如果两条信息之间无信息,则写"1",表示空。

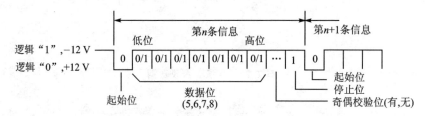

图 7.22 RS - 232C 的信息格式

RS - 232C 电平采用负逻辑,因此在使用时应注意逻辑电平。RS - 232C 规定了自己的电气标准,由于该标准是在 TTL 电路之前研制的,所以它的电平不是 +5 V 和 0 V,而是采用了负逻辑,即

- 逻辑"0":+5~+15 V;
- 逻辑"1":-5~-15 V。

因此,RS - 232C 不能与 TTL 电平直接相连,使用时必须进行电平转换,否则将使 TTL 电路烧坏。目前,常用的电平转换电路是 MAX232 或 STC232,MAX232 的逻辑结构图如图 7.23 所示。

在 PC 系统内部装有异步通信适配器,RS - 232C 接口与 STC8G2K64S4 单片机通信接口之间通过该适配器实现异步串行通信。STC8G2K64S4 单片机本身具有两个全双工的串行口,因此只要配有用于电平转换的驱动电路和隔离电路就可组成一个简单可行的通信接口。同样,PC 与单片机之间的通信也分为双机通信和多机通信。

PC 与单片机进行串行通信的最简单的硬件连接是零调制三线经济型,这是进行

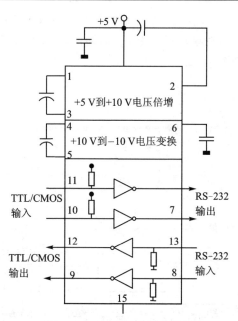

图 7.23　MAX232 芯片结构图

全双工通信所必需的最少线路,计算机的 9 针串口只连接其中的三根线,即第 5 脚的 GND (SG)、第 2 脚的 TxD 和第 3 脚的 RxD,如图 7.24 所示。这也是 STC8G2K64S4 单片机的程序下载电路。

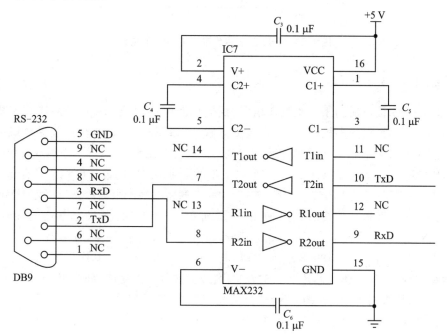

图 7.24　PC 与单片机连接图

目前,PC 常用的串行通信接口是 USB 接口,大多数已不再将 RS-232C 串行接口标配于 PC 中。为了能在单片机与 PC 之间通信,常采用 CH340 器件将 USB 总线转换为串口 UART,用 USB 总线来模拟 UART 通信。USB 总线转为串口 UART 的电路如图 7.25 所示。

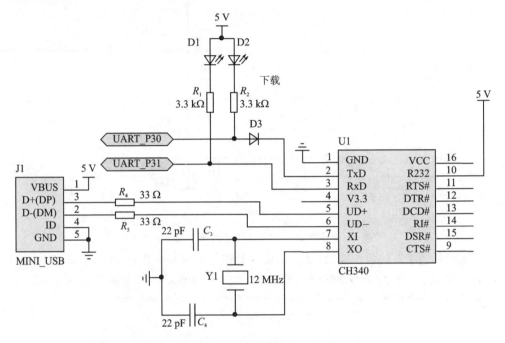

图 7.25　USB 总线转为串口 UART 的电路

2. RS-485 接口

RS-485 接口适用于长距离通信,广泛应用于工业领域。它很容易实现多机通信,多采用 1 对 N 的多机通信,允许最多并联 32 台驱动器和 32 台接收器。最大传输距离为 1 219 m,最大传输速率为 10 Mb/s。通信采用平衡双绞线,平衡双绞线的长度与传输速率成反比,在 100 kb/s 速率以下才可能使用规定的最长电缆。只有在很短的距离下才能获得最大的传输速率。一般 100 m 长双绞线的最大传输速率为 1 Mb/s。

RS-485 双机通信接口电路如图 7.26 所示,采用双向、半双工方式进行通信。图中 SN75176 芯片内集成了一个差分驱动器和一个差分接收器,且兼有 TTL 电平到 RS-485 电平、RS-485 电平到 TTL 电平的转换功能。在单片机串口发送或接收数据之前,应先将驱动芯片 SN75176 的发送和接收功能使能,如当 P1.0=1 时,发送门打开,接收门关闭;当 P1.0=0 时,接收门打开,发送门关闭。

例 7.5　将 PC 键盘的输入值发送给单片机,单片机收到 PC 发来的数据后,将同一数据回送给 PC,并在屏幕上显示出来。PC 端采用串口调试程序进行数据的发

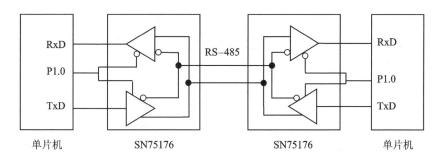

图 7.26　RS－485 双机通信接口电路

送和接收,并显示数据,请编写单片机的通信程序,其通信电路如图 7.27 所示。

分析:通信双方约定波特率为 9 600 b/s,信息格式为 8 个数据位,1 个停止位,无奇偶校验位。用单片机串口 2 实现,用定时器 2 作为波特率发生器。设系统晶振频率为 11.059 2 MHz。

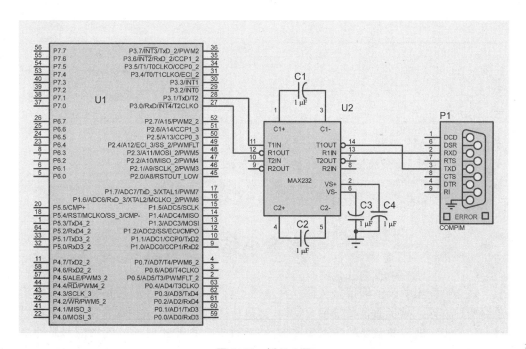

图 7.27　例 7.5 图

```
#include <STC8G.H>
unsigned char temp;
/********************串口 2 初始化子函数********************/
void UartInit(void)          //9 600 b/s@11.059 2 MHz
{
```

```
    S2CON = 0x50;                 //8 位数据,可变波特率
    AUXR &= 0xFB;                 //定时器 2 时钟为 Fosc/12,即 12T
    T2L = 0xE8;                    //设置定时器初值
    T2H = 0xFF;                    //设置定时器初值
    AUXR |= 0x10;                  //启动定时器 2
    EA = 1;                        //总中断
    IE2 = 0x01;                    //串口 2 的中断使能,只有字节操作
}
/ ********************** 中断服务子函数 ************************** /
void Serial_ISR(void) interrupt 8
{
    S2CON = S2CON&0xFE;           //清串行接收标志 S2RI,不可以位操作
    temp = S2BUF;                 //接收数据
    S2BUF = temp;                 //发送/接收到的数据
    while(S2CON&0x02 == 0);       //等待发送结束
    S2CON = S2CON&0xFD;           //将 S2TI 清零
}
/ ********************** 主函数 ****************************** /
void main(void)
{
    UartInit();                   //调用串口初始化函数
    S2BUF = 0x54;                 //发送接收到的数据
    while(S2CON&0x02 == 0);       //等待发送结束
    S2CON = S2CON&0xFD;           //将 S2TI 清零
    while(1){;}
}
```

本章小结

计算机应用系统中的信息交换经常采用串行通信,串行通信有异步通信和同步通信两种方式。异步通信是按字符传输的,每传送一个字符,就用起始位来进行收发双方的同步。同步通信是按数据块传输的,在进行数据传送时通过发送同步脉冲来进行同步发送和接收,双方要保持完全同步,要求接收和发送设备必须使用同一时钟。同步传送的优点是可以提高传送速率(达 56 kb/s 波特率或更高),但硬件比较复杂。

在串行通信中,按照同一时刻数据流的方向可将传输模式分为单工、半双工和全双工 3 种。STC8G2K64S4 单片机有 4 个可编程串行口:串行口 1、串行口 2、串行口 3和串行口 4。

串行口 1 有方式 0～方式 3 共 4 种工作方式:8 位同步移位方式,10 位异步波特

率可变方式,11 位异步波特率固定方式,11 位异步波特率可变方式。方式 0 和方式 2 的波特率是固定的,而方式 1 和方式 3 的波特率是可变的,由定时器 T1 的溢出率或定时器 T2 的溢出率决定。方式 0 主要用于扩展 I/O 口,方式 1 用于实现 10 位异步通信方式,方式 2 和方式 3 用于实现 11 位异步通信方式。

串行口 2、串行口 3 和串行口 4 各有 2 种工作方式:8 位异步通信方式,9 位异步通信方式。波特率为定时器 T2 或定时器 T3 的溢出率的 1/4。

串行口 1 和串行口 2 的硬件发送、接收引脚都可通过软件来设置,并可将串行口 1 和串行口 2 的发送端和接收端切换到其他端口上。

利用单片机的串口通信,可以实现单片机与单片机之间的双机或多机通信,也可实现单片机与 PC 之间的双机或多机通信。

RS-232C 通信接口是一种广泛使用的标准串行接口,信号线根数少,有多种可供选择的数据传送速率,但信号传输距离仅为几十米。RS-422A、RS-485 通信接口采用差分电路传输,具有较好的传输速率和传输距离。

本章习题

一、填空题

1. 单片机中的数据通信分为并行通信和_____。

2. 按时钟类型可将串行通信分为_____和_____,按数据传输方向可分为单工、半双工和_____3 种模式。

3. 异步串行的字符帧格式,每个字符由_____、数据位和_____三部分组成。

4. STC8G2K64S4 单片机有_____个串行口,分别是_____。

5. STC8G2K64S4 单片机的串行口 1 有 4 种工作方式,方式 0 是_____,方式 1 是_____,方式 2 是_____,方式 3 是_____。

6. STC8G2K64S4 单片机串行口 1 的寄存器 SCON 中的 RI 是_____,TI 是_____。

二、选择题

1. 当 SM0=0、SM1=1 时,STC8G2K64S4 单片机的串行口 1 工作在_____。
A. 方式 0　　　　B. 方式 1　　　　C. 方式 2　　　　D. 方式 3

2. 当 STC8G2K64S4 单片机的串行口 1 工作于方式 3 时,SM0、SM1 应设为_____。
A. 0,0　　　　　B. 0,1　　　　　C. 1,0　　　　　D. 1,1

3. STC8G2K64S4 单片机串行口 1 的波特率来源于_____。
A. T0,T1　　　　B. T1,T2　　　　C. T2,T3　　　　D. T3,T4

4. STC8G2K64S4 单片机串行口 2 的波特率来源于_____。

A. T0   B. T1   C. T2   D. T3，T4

5. 若要使能 STC8G2K64S4 单片机串行口 1 的中断，则需要_____。

A. ES＝1，EA＝1   B. EX1＝1，EA＝1

C. ET1＝1，EA＝1   D. ET0＝1，EA＝1

三、判断题

1. 当 STC8G2K64S4 单片机的串行口 1 工作于方式 1 时，一个字符帧是 8 位。
（　　）

2. STC8G2K64S4 单片机的串行口 2 的工作方式有 4 种。（　　）

3. STC8G2K64S4 单片机的串行口 1 的接收允许位是 REN。（　　）

4. STC8G2K64S4 单片机的串行口 3 和串行口 4 的波特率来源于定时器 T2。
（　　）

5. STC8G2K64S4 单片机的串行口 1 和串行口 2 的收/发引脚是可变的。（　　）

四、简答题

1. 请解释并行通信和串行通信，并比较各自的优缺点。

2. 试设计一个远程路灯控制装置，要求通过串行口实现远程控制，并能通过 PC 的超级终端发送控制命令来实现 5 路控制。

第8章 A/D 转换器结构及应用

教学目标

【知识】

(1) 深刻理解并掌握并联比较型、逐次逼近型和双积分型 A/D 转换器的组成结构、工作原理以及 A/D 转换器的主要技术指标。

(2) 掌握 STC8G2K64S4 单片机的 ADC 模块的内部组成结构,包括 A/D 转换输入通道、A/D 转换相关寄存器配置、A/D 转换结果读取和中断配置等。

(3) 掌握 STC8G2K64S4 单片机的 ADC 模块的应用步骤和程序设计。

【能力】

(1) 具有分析 STC8G2K64S4 单片机的由 ADC 模块构成的 A/D 转换应用系统的能力。

(2) 具有应用 STC8G2K64S4 单片机的 ADC 模块设计 A/D 转换电路的能力。

(3) 具有应用 STC8G2K64S4 单片机的 ADC 模块设计 A/D 转换程序的能力。

8.1 A/D 转换的基本原理

模/数转换器即 A/D 转换器,或简称 ADC,通常指一个将模拟信号转换为数字信号的电子元件。通常的模/数转换器是把经过与标准量比较处理后的模拟量转换为以二进制数值表示的离散信号的转换器。故任何一个模/数转换器都需要一个参考模拟量作为转换的标准,比较常见的参考标准为最大的可转换信号的大小。而输出的数字量则表示输入信号相对于参考信号的大小。

模/数转换器的种类很多,按工作原理的不同,可分成间接 ADC 和直接 ADC。间接 ADC 是先将输入模拟电压转换为时间或频率,然后再把这些中间量转换为数字量,常用的有双积分型 ADC。直接 ADC 则是将输入模拟电压直接转换为数字量,常用的有并联比较型 ADC 和逐次逼近型 ADC。此外还有 $\Sigma - \Delta$ A/D 转换器。

双积分型 ADC:它先对输入采样电压和基准电压进行两次积分,获得与采样电压平均值成正比的时间间隔,同时用计数器对标准时钟脉冲计数。它的优点是抗干扰能力强,稳定性好;主要缺点是转换速度低。

并联比较型 ADC:因为它是采用各量级同时并行比较,各位输出码也是同时并行产生,所以转换速度快。并联比较型 ADC 的缺点是成本高、功耗大。

逐次逼近型 ADC:它逐个产生一系列比较电压,并逐次与输入电压分别比较,以逐渐逼近的方式进行模/数转换。它比并联比较型 ADC 慢,但比双积分型 ADC 的转换速度快得多,属于中速 ADC 器件。

$\Sigma-\Delta A/D$ 转换器:具有双积分型和逐次逼近型 ADC 的双重功能,它对工业现场的串模干扰具有较强的抑制能力,它比双积分型 ADC 具有较高的转换速度,比逐次逼近型 ADC 具有更高的信噪比,且分辨率更高,线性度好。

模/数转换经过了将模拟信号进行采样、保持、量化、编码这几个步骤。采样-保持是将连续变化的模拟信号按照采样频率($f \geqslant 2f_{imax}$)进行离散化处理;量化是将离散化输出的电压按照某种近似的方式归化到相应的离散电平上;编码是将量化后的每一个离散的电平进行数值编码。

A/D 转换器的主要技术指标有转换时间、分辨率和转换精度。转换时间指 A/D 转换器完成一次转换所需的时间(其倒数也称转换速率),反映 A/D 转换的快慢。分辨率是衡量 A/D 转换器能够分辨出输入模拟量最小变化程度的技术指标,取决于 A/D 转换器的位数,一般用二进制数表示。若某 A/D 转换器为 10 位,满量程为 5 V,则分辨率为 $5\text{ V}/2^{10} \approx 4.9\text{ mV}$。转换精度是一个实际 A/D 转换器与一个理想 A/D 转换器在量化值上的差值。

8.2　STC8G 系列单片机的 A/D 转换器

STC8G2K64S4 单片机内部集成了一个 16 通道、10 位高速 A/D 转换器。ADC 的时钟频率为系统时钟频率的 2 分频,再经过用户设置的分频系数再分频,速度可达 500 kHz,可用作温度、湿度、照度、压力等物理量的采集。

8.2.1　ADC 模块的结构

STC8G2K64S4 单片机的 ADC 结构如图 8.1 所示。模拟量输入通道与 P1、P0 口复用,内部 ADC 由多路选择开关、比较器、逐次比较寄存器、10 位 DAC、转换结果寄存器和控制寄存器构成。

由图 8.1 可知,在应用 ADC 进行转换时,要先给 ADC 上电,需通过将 ADC_CONTR 寄存器的 ADC_POWER 位置"1"来确保 ADC 正确工作,上电需要一定的时间。模拟信号通过多路开关将 16 路模拟量输入给比较器。用数/模转换器的模拟量与输入模拟量通过比较器进行比较,将比较结果存放到逐次比较寄存器,然后通过逐次比较寄存器输出转换结果。A/D 转换结束后,最终的转换结果保存到 ADC 转换结果寄存器(ADC_RES 和 ADC_RESL)中,同时,置位 ADC 控制寄存器 ADC_CONTR 中的结束标志位 ADC_FLAG,以供程序查询或发出中断申请。模拟通道的选择由

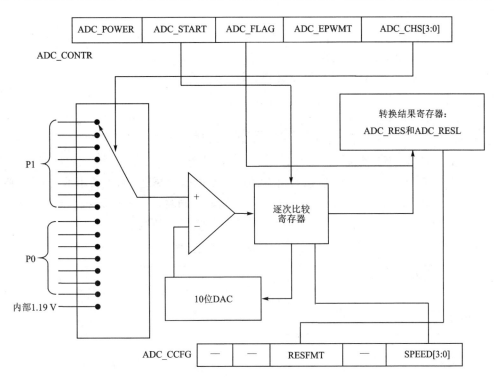

图 8.1　ADC 结构图

ADC_CHS[3:0]确定。A/D 转换速度由 ADC_CCFG 寄存器的 SPEED[3:0]确定。

STC8G2K64S4 单片机的 ADC 模块的参考电源(V_{REF})就是芯片的工作电源 V_{CC}。在进行 A/D 转换时需要较稳定的参考电源。ADC 的第 15 通道只能用于检测内部 1.19 V 参考信号源。

8.2.2　ADC 模块的寄存器

STC8G2K64S4 单片机的 ADC 的寄存器由控制寄存器(ADC_CONTR)、配置寄存器(ADC_CCFG)、转换结果寄存器(ADC_RES 和 ADC_RESL)、时序控制寄存器(ADCTIM)和中断相关寄存器构成。

1. 控制寄存器(ADC_CONTR)

ADC_CONTR 主要完成通道选择、ADC 的启停、转换结束标志的设置和 ADC 模块的供电配置等功能,各位功能如下:

寄存器	B7	B6	B5	B4	B3	B2	B1	B0
ADC_CONTR	ADC_POWER	ADC_START	ADC_FLAG	ADC_EPWMT		ADC_CHS[3:0]		

ADC_POWER:ADC 电源控制位:

0:关闭电源；

1:打开电源。

ADC_START:ADC 转换启动控制位：

0:无影响，即使 ADC 已经开始转换，写 0 也不会停止；

1:启动 ADC 转换，转换完成后硬件自动清零。

ADC_FLAG:ADC 转换结束标志位。当 ADC 完成一次转换后，硬件会自动将此位置"1"，并向 CPU 提出中断请求，此位必须由软件清零。

ADC_EPWMT:使能 PWM 实时触发 ADC 功能。

ADC_CHS[3:0]:ADC 模拟通道选择位。被选择为 ADC 输入通道的 I/O 口必须通过 PnM1|PnM0 寄存器设置为高阻输入模式。同时结合 PnIE 寄存器选择数字通道。STC8G2K64S4 单片机的 16 个通道选择如表 8.1 所列。

表 8.1   ADC 输入通道选择表

ADC_CHS[3:0]	ADC 通道	ADC_CHS[3:0]	ADC 通道
0000	P1.0/ADC0	1000	P0.0/ADC8
0001	P1.1/ADC1	1001	P0.1/ADC9
0010	P1.2/ADC2	1010	P0.2/ADC10
0011	P1.3/ADC3	1011	P0.3/ADC11
0100	P1.4/ADC4	1100	P0.4/ADC12
0101	P1.5/ADC5	1101	P0.5/ADC13
0110	P1.6/ADC6	1110	P0.6/ADC14
0111	P1.7/ADC7	1111	测试内部 1.19 V

2. 配置寄存器(ADC_CCFG)

ADC_CCFG 主要用于配置 10 位 ADC 转换结果的格式和 ADC 转换速度，各位功能如下：

寄存器	B7	B6	B5	B4	B3	B2	B1	B0
ADC_CCFG	—	—	RESFMT	—	SPEED[3:0]			

RESFMT:ADC 转换结果格式控制位：

0:转换结果左对齐，ADC_RES 保存结果的高 8 位，ADC_RESL 保存结果的低 2 位。

1:转换结果右对齐，ADC_RES 保存结果的高 2 位，ADC_RESL 保存结果的低 8 位。

SPEED：设置 ADC 工作频率（$f_{ADC} = (f_{SYSclk}/2)/(SPEED+1)$），其设置如表 8.2 所列。

表 8.2　ADC 工作频率设置表

SPEED [3:0]	ADC 工作频率	SPEED [3:0]	ADC 工作频率
0000	$(f_{SYSclk}/2)/1$	1000	$(f_{SYSclk}/2)/9$
0001	$(f_{SYSclk}/2)/2$	1001	$(f_{SYSclk}/2)/10$
0010	$(f_{SYSclk}/2)/3$	1010	$(f_{SYSclk}/2)/11$
0011	$(f_{SYSclk}/2)/4$	1011	$(f_{SYSclk}/2)/12$
0100	$(f_{SYSclk}/2)/5$	1100	$(f_{SYSclk}/2)/13$
0101	$(f_{SYSclk}/2)/6$	1101	$(f_{SYSclk}/2)/14$
0110	$(f_{SYSclk}/2)/7$	1110	$(f_{SYSclk}/2)/15$
0111	$(f_{SYSclk}/2)/8$	1111	$(f_{SYSclk}/2)/16$

3. ADC 转换结果寄存器（ADC_RES 和 ADC_RESL）

当 A/D 转换完成后，10 位的转换结果会自动保存到 ADC_RES 和 ADC_RESL 中，保存结果的格式结合 ADC_CCFG 寄存器的 RESFMT 位进行配置。

当 ADC_CCFG 寄存器中的 RESFMT＝0 时，10 位 ADC 转换结果的格式如下：

寄存器	B7	B6	B5	B4	B3	B2	B1	B0
ADC_RES				高 8 位				
ADC_RESL	低 2 位				—			

当 ADC_CCFG 寄存器中的 RESFMT＝1 时，10 位 ADC 转换结果的格式如下：

寄存器	B7	B6	B5	B4	B3	B2	B1	B0
ADC_RES				—			高 2 位	
ADC_RESL				低 8 位				

4. 时序控制寄存器（ADCTIM）

ADCTIM 各位的功能如下：

寄存器	B7	B6	B5	B4	B3	B2	B1	B0
ADCTIM	CSSETUP	CSHOLD[1:0]			SMPDUTY[4:0]			

CSSETUP：ADC 通道选择时间（T_{setup}）控制：

0：占用 ADC 工作时钟数 1 个（默认值）。

1：占用 ADC 工作时钟数 2 个。

CSHOLD[1:0]：ADC 通道选择保持时间（T_{hold}）控制，分别占用 ADC 工作时钟数为 1(00)、2(01，默认值)、3(10)、4(11)。

SMPDUTY[4:0]：ADC 模拟信号采样时间（T_{duty}）控制，用 5 位二进制数进行设置，分别占用 ADC 工作时钟数 1～32 个，默认值为 01010B（11 个 ADC 工作时钟数）。注：不能设置小于 01010B 的值。

5. 中断相关寄存器

ADC 中断相关寄存器有中断使能寄存器 EADC(IE. 5)、EA(IE. 7)，中断优先级寄存器 PADCH(IPH. 5)、PADC(IP. 5)，以及中断标志位 ADC_FLAG(ADC_CONTR. 5)。中断向量地址为 002BH，中断号为 5。

8.2.3 ADC 相关的计算公式

1. ADC 转换速度计算公式

ADC 的转换速度由 ADC_CCFG 寄存器中的 SPEED[3:0]位和 ADCTIM 寄存器共同控制，转换速度的计算公式为

$$f_{ADC} = \frac{f_{SYSclk}}{2 \times (SPEED[3:0]+1) \times [(CSSETUP+1)+(CSHOLD+1)+(SMPDUTY+1)+10]}$$

注意：10 位 ADC 的速度不能高于 500 kHz，SMPDUTY 的值不能小于 10，建议设置为 15，CSSETUP 可使用上电默认值（置"0"，1 个时钟），CSHOLD 可使用上电默认值 1，建议将 ADCTIM 寄存器设置为 3FH。

2. ADC 转换结果计算公式

ADC 转换结果计算公式为

$$D_{ADC} = 1\ 024 \times \frac{U_{in}}{V_{REF}}$$

式中，D_{ADC} 表示转换的 10 位数字量，U_{in} 表示输入的模拟电压，V_{REF} 表示参考电压。

3. ADC 输入电压计算公式

ADC 输入电压计算公式为

$$U_{in} = \frac{D_{ADC}}{1\ 024} \times V_{REF}$$

式中，当 ADC_CCFG 寄存器中的 RESFMT=0 时，

$$D_{ADC} = ADC\_RES \ll 2 + ADC\_RESL \gg 6$$

当 ADC_CCFG 寄存器中的 RESFMT=1 时，

$$D_{ADC} = ADC\_RES \ll 8 + ADC\_RESL$$

8.3　STC8G 系列单片机 A/D 转换的应用开发步骤

STC8G2K64S4 单片机的 ADC 模块在应用过程中的程序设计步骤如下:

① 设置 ADC_POWER=1,打开 ADC 工作电源。

② 延时 1 ms 等待 ADC 内部模拟电源稳定。

③ 设置 PnM1│PnM0 选择高阻输入,设置 P1IE 寄存器的 A/D 转换模拟量通道。

④ 设置 ADC 输入通道 CHS3～CHS0。

⑤ 根据需要选择转换结果的存储格式(由 RESFMT 位设置)。

⑥ 查询 A/D 转换结束标志 ADC_FLAG,若转换完成则读出 A/D 转换结果,并进行数据处理。

⑦ 若采用中断方式,则还需进行中断设置。

⑧ 在中断服务程序中读取 A/D 转换结果,并将 ADC 中断请求标志 ADC_FLAG 清零。

8.4　数字电压表设计

任务要求:编程实现利用 STC8G2K64S4 单片机的 ADC 通道 0(P1.0)采集外部模拟电压值,并将转换结果通过 P2 口外接的发光二极管显示输出,A/D 信息的采集和转换采用查询和中断的方式实现。假设系统时钟为 11.059 2 MHz。

分析:设置 RESFMT=0;ADC_RES 为转换结果的高 8 位,ADC_RESL 为转换结果的低 2 位。被测电压的参考范围为 0～5 V,参考电压 V_{REF} 为 5 V,通过 A/D 转换器得到数字量 D_n,即可通过转换关系式 $U = \dfrac{5}{1\ 024} \times D_n$ 获得对应的模拟电压值,从而达到测量电压的目的。硬件电路如图 8.2 所示。

查询方式的程序代码如下:

```
#include "STC8G.h"
#include "intrins.h"
unsigned int ADC_U;
/********************* 主程序 *************************/
void main()
{
```

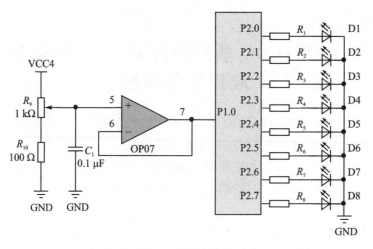

图 8.2　硬件电路图

```
    P1M0 = 0x00;                    //设置 P1.0 为 A/D 转换口
    P1M1 = 0x01;
    P_SW2 | = 0x80;                 //设置 ADC 的内部时序
    P_SW2 & = 0x7f;
    ADCCFG = 0x0f;                  //设置 ADC 的时钟为(系统时钟/2)/16
    ADC_CONTR = 0x80;               //使能 ADC 模块
    while (1)
    {
        ADC_CONTR | = 0x40;         //启动 A/D 转换
        _nop_();
        _nop_();
        while (! (ADC_CONTR & 0x20)); //查询 A/D 转换完成标志
        ADC_CONTR & = ～0x20;        //清除转换完成标志
        ADC_U = (5 * 1 000 * (ADC_RES << 2 + ADC_RESL >> 6))/1 024;
        P2 = ADC_RES;               //读取 A/D 转换结果
    }
}
```

中断方式的程序代码如下：

```
#include "STC8G.h"
#include "intrins.h"
unsigned int ADC_U;
/****************** 中断服务程序 ************************/
void ADC_Isr( ) interrupt 5
{
    ADC_CONTR & = ～0x20;                    //清除中断标志
```

```
    ADC_U = (5 * 1 000 * (ADC_RES << 2 + ADC_RESL >> 6))/1 024;
    P2 = ADC_RES;                    //读取 A/D 转换结果
    ADC_CONTR |= 0x40;               //继续 A/D 转换
}
/***************** 主程序 *************************/
void main( )
{
    P1M0 = 0x00;                     //设置 P1.0 为 A/D 转换口
    P1M1 = 0x01;
    P_SW2 |= 0x80;
    ADCTIM = 0x3f;                   //设置 ADC 的内部时序
    P_SW2 &= 0x7f;
    ADCCFG = 0x0f;                   //设置 ADC 的时钟为(系统时钟/2)/16
    ADC_CONTR = 0x80;                //使能 ADC 模块
    EADC = 1;                        //使能 ADC 中断
    EA = 1;
    ADC_CONTR |= 0x40;               //启动 A/D 转换
    while (1);
}
```

本章小结

A/D 转换是将模拟信号转换为数字信号的电路。模/数转换器(ADC)的种类很多,按工作原理的不同,可分成间接 ADC 和直接 ADC。

STC8G2K64S4 单片机内部集成了一个 10 位高速 A/D 转换器,其最快转换速率可达 500 kb/s,内部转换通道共计 16 个(P0.0~P0.6、P1.0~P1.7 和内部 1.19 V 参考电源)。

ADC 的转换速率是通过 ADC_CCFG 寄存器中的 SPEED 位设置的,其范围是:$(f_{SYSclk}/2)/1 \sim (f_{SYSclk}/2)/16$。

ADC 转换结果的数据格式有左对齐和右对齐两种。当 ADC_CCFG 寄存器中的 RESFMT=0 时,10 位 ADC 的转换结果由 ADC_RES[7:0]构成高 8 位,由 ADC_RESL[7:6]构成低 2 位。当 ADC_CCFG 寄存器中的 RESFMT=1 时,10 位 ADC 的转换结果由 ADC_RES[1:0]构成高 2 位,由 ADC_RESL[7:0]构成低 8 位。

A/D 转换一般采用中断方式读取结果,其中断使能设置通过 EADC、EA 寄存器来完成,中断优先级通过 PADCH、PADC 寄存器完成 4 种优先级的设置,中断标志位是 ADC_FLAG,中断向量地址为 002BH,中断号为 5。

本章习题

一、填空题

1. A/D 转换的功能是 _____。

2. 在 A/D 转换中,转换位数越大,说明 A/D 转换的精度越_____。

3. 在 A/D 转换中,转换频率越高,说明 A/D 转换的速率越_____。

4. 在 10 位 A/D 转换中,参考电压 $V_{ref}=5$ V,当输入模拟电压为 4 V 时,转换的数字量 $D_n=$ _____。

5. STC8G2K64S4 单片机的 ADC 模块是_____通道、_____位的 A/D 转换器。

6. STC8G2K64S4 单片机的 A/D 转换速率范围是_____。

7. STC8G2K64S4 单片机的 A/D 转换结果的数据格式有_____。

8. STC8G2K64S4 单片机的 A/D 转换的中断编号是_____。

二、选择题

1. STC8G2K64S4 单片机的 A/D 转换的精度是_____。

A. 8 位　　　　　B. 10 位　　　　　C. 12 位　　　　　D. 16 位

2. STC8G2K64S4 单片机的 A/D 转换通道包括_____。

A. P0、P1　　　　B. P2、P3　　　　C. P4、P5　　　　D. P2、P5

3. STC8G2K64S4 单片机的 A/D 转换的中断使能位是_____。

A. EADC　　　　B. EX0　　　　　C. EX1　　　　　D. ET0

4. 当 STC8G2K64S4 单片机的 ADC_CONTR＝0x84 时,A/D 转换选择的通道是_____。

A. P1.1　　　　　B. P1.2　　　　　C. P1.3　　　　　D. P1.4

三、判断题

1. STC8G2K64S4 单片机的 A/D 转换的精度是 12 位。(　　)

2. STC8G2K64S4 单片机的 A/D 转换可以测量 1.19 V 内部电压。(　　)

3. STC8G2K64S4 单片机的 A/D 转换的通道是 8 个。(　　)

4. STC8G2K64S4 单片机的 A/D 转换的中断优先级可以设置 4 级。(　　)

四、简答题

1. 简述 STC8G2K64S4 单片机的 A/D 转换的应用编程步骤。

2. 设计一个数字电压表,要求能将被测电压值通过 LED 显示,并能通过串行口将模拟电压值上传到计算机超级终端。请设计电路和编写程序。

第9章 PWM 模块结构及应用

教学目标

【知识】

(1) 深刻理解并掌握 PWM 模块的组成结构和波形形成的原理。

(2) 掌握 STC8G 系列单片机的 PWM 模块的结构,熟悉各寄存器的配置。

(3) 掌握 STC8G 系列单片机的 PWM 模块的开发步骤和应用程序的编写。

【能力】

(1) 具有分析 PWM 电路的能力,包括波形频率和占空比。

(2) 具有应用 STC8G 系列单片机的 PWM 模块设计相关电路的能力。

(3) 具有应用 STC8G 系列单片机的 PWM 模块设计程序的能力。

9.1 PWM 模块的工作原理

脉宽调制 PWM(Pulse Width Modulation)是利用微处理器的数字输出来对模拟电路进行控制的一种非常有效的技术,在测量、通信、功率控制、电源变换等许多方面广泛应用。PWM 控制技术以其控制简单、灵活和动态响应好的优点而成为电力电子技术应用最广泛的控制方式,也是人们研究的热点。

PWM 发生器由基准时钟、计数器、比较器和输出控制等电路构成。PWM 波形形成的原理如图 9.1 所示,计数器从 0 开始计数,在计数过程中,当计数值与比较器

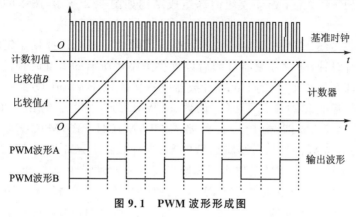

图 9.1 PWM 波形形成图

的比较值相等时(如比较值为 A),输出的 PWM 波形从逻辑 0 翻转成逻辑 1;当计数值达到设定的初值时,PWM 波形从逻辑 1 翻转成逻辑 0,下一个周期持续,即形成图 9.1 中的 PWM 波形 A。同理,如果改变比较值(如比较值为 B),则输出图 9.1 中的 PWM 波形 B,两个波形的周期相同,但占空比不一样。

PWM 波形周期的计算公式为 $T_{\text{PWM}}=T_{\text{基准时钟}} \times N_{\text{计数次数}}$,占空比的计算公式为 $D=(计数初值-比较值)/计数次数$。

9.2 STC8G 系列单片机 PWM 模块的结构

STC8G 系列单片机内部集成了最多 6 组增强型的 PWM 波形发生器,每组可单独设置周期,且为各自独立的 8 路,由于 P5 缺少 P5.5、P5.6、P5.7 这 3 个端口,所以该系列单片机最多可输出 45 路 PWM。STC8G2K64S4 单片机内部集成了 6 组增强型的 PWM 波形发生器,每组可产生各自独立的 8 路 PWM,即:

第 0 组,共 8 路,PWM00～PWM07,使用寄存器 PWM0CH|PWM0CL 设置周期。

第 1 组,共 8 路,PWM10～PWM17,使用寄存器 PWM1CH|PWM1CL 设置周期。

第 2 组,共 8 路,PWM20～PWM27,使用寄存器 PWM2CH|PWM2CL 设置周期。

第 3 组,共 8 路,PWM30～PWM37,使用寄存器 PWM3CH|PWM3CL 设置周期。

第 4 组,共 8 路,PWM40～PWM47,使用寄存器 PWM4CH|PWM4CL 设置周期。

第 5 组,共 5 路,PWM50～PWM54,使用寄存器 PWM5CH|PWM5CL 设置周期。

STC8G2K64S4 的 PWM 模块内部组成结构如图 9.2 所示,图中的"n"代表通道数。

STC8G2K64S4 单片机 PWM 波形发生器的时钟源可以选择用于定时器 T2 的溢出率和系统时钟,通过分频器分频后以提供 PWM 所需的基准时钟源。PWM 波形发生器内部有一个 15 位的 PWM 计数器(PWMnCH|PWMnCL)供 8 路 PWM 使用,计数器在基准时钟作用下加 1 计数。PWM 波形发生器的比较值寄存器由 PWMnT1 和 PWMnT2 构成。当计数器 PWMnCH|PWMnCL 等于比较值 PWMnT1 时,PWM 的输出引脚输出低电平;当计数器 PWMnCH|PWMnCL 等于比较值 PWMnT2 时,PWM 的输出引脚输出高电平;当两个比较值相等时,PWM 固定输出低电平。用户可以设置每路 PWM 的初始电平。由于每组的 8 路 PWM 是各自独立的,且每路 PWM 的初始状态可以进行设定,所以用户可以将其中的任意两路

配合起来使用,来实现互补对称输出及死区控制等特殊应用。增强型的 PWM 波形发生器还设计了对外部异常事件进行监控的功能,可用于紧急关闭 PWM 输出。PWM 波形发生器还可与 ADC 转换器相关联,设置在 PWM 周期的任一时间点触发 A/D 转换事件。

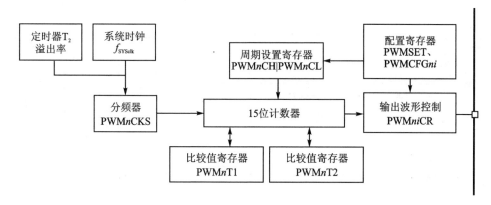

图 9.2　STC8G2K64S4 单片机脉宽调制(PWM)结构图

9.3　STC8G 系列单片机 PWM 模块的寄存器

STC8G2K64S4 单片机的每一组 PWM 波形发生器中的 8 路 PWM 均有计数值寄存器、比较值寄存器、控制寄存器、电平保持寄存器,涉及的寄存器多达 310 个,但每一路的 PWM 的设置方法均相同。因此,本章主要以第 2 组 PWM 波形发生器 PWM2 为例讲述其应用。

9.3.1　PWM 时钟选择寄存器 PWMnCKS

寄存器 PWMnCKS 用于选择 PWM 的时钟频率,其中"n"表示 0~5。第 2 组 PWM 波形发生器 PWM2 的时钟选择寄存器为 PWM2CKS(地址为 FFA2H),各位的功能如下:

寄存器	B7	B6	B5	B4	B3	B2	B1	B0
PWM2CKS	—	—	—	SELT2		PWM_PS[3:0]		

SELT2:PWM2 时钟源选择:

0:PWM2 时钟源为系统时钟经分频器分频之后的时钟;

1:PWM2 时钟源为定时器 2 的溢出脉冲。

PWM_PS[3:0]:系统时钟预分频参数,如表 9.1 所列。

表 9.1　PWM2 输入时钟频率设置

SELT2	PWM_PS[3:0]	PWM2 输入时钟频率	SELT2	PWM_PS[3:0]	PWM2 输入时钟频率
1	xxxx	定时器 2 溢出率	0	1000	$f_{SYSclk}/9$
0	0000	$f_{SYSclk}/1$	0	1001	$f_{SYSclk}/10$
0	0001	$f_{SYSclk}/2$	0	1010	$f_{SYSclk}/11$
0	0010	$f_{SYSclk}/3$	0	1011	$f_{SYSclk}/12$
0	0011	$f_{SYSclk}/4$	0	1100	$f_{SYSclk}/13$
0	0100	$f_{SYSclk}/5$	0	1101	$f_{SYSclk}/14$
0	0101	$f_{SYSclk}/6$	0	1110	$f_{SYSclk}/15$
0	0110	$f_{SYSclk}/7$	0	1111	$f_{SYSclk}/16$
0	0111	$f_{SYSclk}/8$			

PWM2 输出频率计算公式如表 9.2 所列。

表 9.2　PWM2 输出频率计算公式

SELT2(时钟源选择)	PWM 输出频率计算公式
SELT2＝0(系统时钟)	PWM 输出频率＝$\dfrac{f_{SYSclk}}{(PWM\_PS+1)\times(PWM2CH\|PWM2CL+1)}$
SELT2＝1(定时器 2 溢出率)	PWM 输出频率＝$\dfrac{定时器 2 的溢出率}{PWM2CH\|PWM2CL+1}$

9.3.2　PWM 计数器寄存器 PWMnCH、PWMnCL

PWM 的计数器寄存器为 PWMnCH、PWMnCL,其中"n"为 0～5。第 2 组 PWM 波形发生器的计数器寄存器 PWM2CH、PWM2CL(地址为 FFA0H 和 FFA1H)用于 15 位计数,各位的定义如下:

寄存器	B7	B6	B5	B4	B3	B2	B1	B0
PWM2CH	—				[6:0]			
PWM2CL				[7:0]				

PWM 计数器是一个 15 位寄存器,可设定 0～32 767 数值,从 0 开始计数,每个 PWM 时钟周期递增 1,当内部计数器的计数值达到 PWM2CH|PWM2CL 所设定的值时,PWM 波形发生器内部的计数器将从 0 重新开始计数,硬件自动将 PWM 计数器归零,将中断标志位 PWMCFG23.PWM2CBIF 置 1,若 PWMCFG23.EPWM2CBI＝1,则响应一次中断。

9.3.3 PWM 比较值寄存器 PWM*ni*T1、PWM*ni*T2

PWM 的比较值寄存器为 PWM*ni*T1、PWM*ni*T2,其中"*n*"表示 0~5,"*i*"表示 0~7。每路 PWM 均可设置为两个 15 位的比较值。第 2 组 PWM 波形发生器 PWM20 的两个比较值寄存器为 PWM20T1H | PWM20T1L 和 PWM20T2H | PWM20T2L。各位的定义如下:

寄存器	B7	B6	B5	B4	B3	B2	B1	B0
PWM20T1H	—	[6:0]						
PWM20T1L	[7:0]							
PWM20T2H	—	[6:0]						
PWM20T2L	[7:0]							

在 PWM2 的计数周期中,当 PWM2 的内部计数值与所设置的 T1 的值相等时, PWM 的输出为低电平;当 PWM2 的内部计数值与所设置的 T2 的值相等时,PWM 的输出为高电平。当计数值与比较值相等时,固定输出低电平。

9.3.4 输出控制寄存器

1. PWM 通道控制寄存器 PWM*ni*CR

PWM 通道控制寄存器有 PWM00CR~PWM57CR,共 58 个。第 2 组 PWM 波形发生器的通道控制寄存器为 PWM20CR~PWM27CR,每个 PWM 输出端对应一个寄存器,共 8 个寄存器,各寄存器的配置方法相同。下面以 PWM20CR 为例,各位的功能如下:

寄存器	B7	B6	B5	B4	B3	B2	B1	B0
PWM20CR	ENO	INI	—	—	—	ENI	ENT2I	ENT1I

ENO:PWM20 输出使能位:

0:第 2 路 PWM 的 0 通道相应 PWM20 为 GPIO 功能;

1:第 2 路 PWM 的 0 通道相应 PWM20 为 PWM 功能。

INI:设置 PWM20 输出端口的初始电平:

0:PWM20 的初始电平为低电平;

1:PWM20 的初始电平为高电平。

ENI:PWM20 通道中断使能控制位:

0:关闭 PWM20 的 PWM 中断;

1:使能 PWM20 的 PWM 中断。

ENT2I:PWM20 在第 2 个触发点的中断使能控制位:

0:关闭 PWM20 在第 2 个触发点的中断;

1:使能 PWM20 在第 2 个触发点的中断。

ENT1I:PWM20 在第 1 个触发点的中断使能控制位:

0:关闭 PWM20 在第 1 个触发点的中断;

1:使能 PWM20 在第 1 个触发点的中断。

2. PWM 通道电平保持控制寄存器 PWM*ni* HLD

PWM 通道电平保持控制寄存器为 PWM*ni* HLD,其中"*n*"表示 0~5,*i* 表示 "0~7",用于设置 PWM 通道的电平。第 2 组 PWM 波形发生器的通道电平保持控制寄存器为 PWM20HLD~PWM27HLD,每个 PWM 输出端对应一个寄存器,共 8 个寄存器,各寄存器的配置方法相同。下面以 PWM20HLD 为例,各位的功能如下:

寄存器	B7	B6	B5	B4	B3	B2	B1	B0
PWM20HLD	—	—	—	—	—	—	HLDH	HLDL

HLDH:PWM20 通道强制输出高电平控制位:

0:PWM20 正常输出;

1:PWM20 强制输出高电平。

HLDL:PWM20 通道强制输出低电平控制位:

0:PWM20 正常输出;

1:PWM20 强制输出低电平。

9.3.5 PWM 配置寄存器

1. PWM 全局配置寄存器 PWMSET

PWM 全局配置寄存器 PWMSET 的地址为 F1H,用于对各路 PWM 的使能与禁止进行设置,各位的功能如下:

寄存器	B7	B6	B5	B4	B3	B2	B1	B0
PWMSET	ENGLBSET	PWMRST	ENPWM5	ENPWM4	ENPWM3	ENPWM2	ENPWM1	ENPWM0

ENGLBSET:全局设置功能控制位:

0:6 组 PWM 采用各自独立的设置方式,也就是 6 组 PWM 波形发生器的配置寄存器 PWMCFG01、PWMCFG23、PWMCFG45 各自独立设置相应的功能;

1:6 组 PWM 采用统一的设置方式,也就是 6 组 PWM 波形发生器均采用与寄存器 PWMCFG01 功能相同的配置。

PWMRST:软件复位 6 组 PWM 控制位:

0：无效；

1：复位 PWM 波形发生器中除了寄存器 PWMSET、PWMCFG01、PWMCFG23、PWMCFG45 之外的所有寄存器。

ENPWMn：PWMn(n 表示 0～5)使能位：

0：关闭 PWMn；

1：使能 PWMn。

2. 增强型 PWM 配置寄存器 PWMCFG01、PWMCFG23、PWMCFG45

增强型 PWM 配置寄存器 PWMCFG01、PWMCFG23、PWMCFG45 用于启动计数、归零中断使能和归零中断标志,3 个寄存器的地址分别为 F6H、F7H、FEH,各位的功能如下：

寄存器	B7	B6	B5	B4	B3	B2	B1	B0
PWMCFG01	PWM1CBIF	EPWM1CBI	FLTPS0	PWM1CEN	PWM0CBIF	EPWM0CBI	ENPWM0TA	PWM0CEN
PWMCFG23	PWM3CBIF	EPWM3CBI	FLTPS1	PWM3CEN	PWM2CBIF	EPWM2CBI	ENPWM2TA	PWM2CEN
PWMCFG45	PWM5CBIF	EPWM5CBI	FLTPS2	PWM5CEN	PWM4CBIF	EPWM4CBI	ENPWM4TA	PWM4CEN

PWMnCBIF：PWMn(n＝0～5)计数器归零中断标志位。当 15 位的 PWMn 计数器记满溢出归零时,硬件自动将此位置 1,并向 CPU 提出中断请求,此标志位需要软件清零。

EPWMnCBI：PWMn(n＝0～5)计数器归零中断使能位：

0：关闭 PWMn 计数器归零中断；

1：使能 PWMn 计数器归零中断。

PWMnCEN：PWMn(n＝0～5)波形发生器开始计数：

0：PWMn 停止计数；

1：PWMn 开始计数(注意,在初始化全部完成后,才能将此位置 1,开始计数)。

ENPWMnTA：PWMn(n＝0、2、4)是否与 ADC 关联：

0：PWMn 与 ADC 不关联；

1：PWMn 与 ADC 相关联。

FLTPS0、FLTPS1、FLTPS2：外部异常检测引脚选择控制位,如表 9.3 所列。

表 9.3　外部异常检测引脚

FLTPS2	FLTPS1	FLTPS0	PWM0/ PWM1/ PWM3/ PWM5 外部异常检测引脚	PWM2 外部异常检测引脚	PWM4 外部异常检测引脚
0	0	0	PWMFLT(P3.5)	PWMFLT(P3.5)	PWMFLT(P3.5)
0	0	1	PWMFLT(P3.5)	PWMFLT2(P0.6)	PWMFLT3(P0.7)

FLTPS2	FLTPS1	FLTPS0	PWM0/ PWM1/ PWM3/ PWM5 外部异常检测引脚	PWM2 外部异常检测引脚	PWM4 外部异常检测引脚
0	1	0	PWMFLT(P3.5)	PWMFLT3(P0.7)	PWMFLT2(P0.6)
0	1	1	PWMFLT2(P0.6)	PWMFLT2(P0.6)	PWMFLT2(P0.6)
1	0	0	PWMFLT2(P0.6)	PWMFLT(P3.5)	PWMFLT3(P0.7)
1	0	1	PWMFLT2(P0.6)	PWMFLT3(P0.7)	PWMFLT(P3.5)
1	1	0	PWMFLT3(P0.7)	PWMFLT(P3.5)	PWMFLT2(P0.6)
1	1	1	PWMFLT3(P0.7)	PWMFLT2(P0.6)	PWMFLT(P3.5)

9.3.6 中断及其他相关寄存器

1. PWM 中断标志寄存器 PWMnIF($n=0\sim5$)

下面以 PWM 中断标志寄存器 PWM2IF(地址为 FFA5H)为例进行介绍(其他寄存器相同),各位的功能如下:

寄存器	B7	B6	B5	B4	B3	B2	B1	B0
PWM2IF	C7IF	C6IF	C5IF	C4IF	C3IF	C2IF	C1IF	C0IF

CiIF:PWMn 的第 i 通道的中断标志位($n=0\sim5$,$i=0\sim7$)。在各路 PWM 的 T1 和 T2 上,当所设置的点发生匹配事件时,硬件自动将此位置 1,并向 CPU 提出中断请求,此标志位需要软件清零。

2. PWM 异常检测控制寄存器 PWMnFDCR($n=0\sim5$)

PWM 异常检测控制寄存器 PWM2FDCR 各位的功能如下:

寄存器	B7	B6	B5	B4	B3	B2	B1	B0
PWM2FDCR	INVCMP	INVIO	ENFD	FLTFLIO	EFDI	FDCMP	FDIO	FDIF

INVCMP:比较器结果异常信号处理:

0:比较器结果由低变高为异常信号;

1:比较器结果由高变低为异常信号。

INVIO:外部 PWMFLT 端口异常信号处理:

0:外部 PWMFLT 端口信号由低变高为异常信号;

1:外部 PWMFLT 端口信号由高变低为异常信号。

ENFD:PWM2 外部异常检测控制位:

0:关闭 PWM2 外部异常检测功能;

1：使能 PWM2 外部异常检测功能。

FLTFLIO：发生 PWM2 外部异常时对 PWM2 输出口控制：

0：发生 PWM2 外部异常时，PWM2 的输出口不作任何改变；

1：发生 PWM2 外部异常时，PWM2 的输出口立即被设置为高阻输入模式。

EFDI：PWM2 异常检测中断使能位：

0：关闭 PWM2 异常检测中断；

1：使能 PWM2 异常检测中断。

FDCMP：比较器输出异常检测使能位：

0：比较器与 PWM2 无关；

1：设定 PWM2 异常检测源为比较器输出。

FDIO：PWMFLT 端口电平异常检测使能位：

0：PWMFLT 端口电平与 PWM2 无关；

1：设定 PWM2 异常检测源为 PWMFLT 端口。

FDIF：PWM2 异常检测中断标志位。当发生 PWM2 异常时，硬件自动将此位置 1。当 EFDI＝1 时，程序会跳转到相应中断入口地址去执行中断服务程序。此位需要软件清零。

3. PWM 触发 ADC 计数寄存器 PWM*n* TADC

PWM2 触发 ADC 计数的寄存器为 PWM2TADC（地址为 FFA3H），各位的定义如下：

寄存器	B7	B6	B5	B4	B3	B2	B1	B0
PWM2TADCH	—	\[6:0\]						
PWM2TADCL	\[7:0\]							

PWM2TADCH 和 PWM2TADCL 构成一个 15 位的计数值，当 PWM2 的计数器寄存器 PWM2CH｜PWM2CL 的值与该值相等时，触发一次 A/D 转换。

9.4　STC8G 系列单片机 PWM 模块应用开发案例

9.4.1　PWM 应用步骤

在应用 STC8G2K64S4 单片机的脉宽调制（PWM）过程中，采用如下步骤进行配置：

① 由于 PWM 模块的寄存器位于扩展 RAM，故访问这些寄存器需将寄存器 P_SW2 的 B7 位设置为 1。

② 使能 PWM 模块(PWM0～PWM5),通过 PWMSET 设置。

③ 设置 PWM 的基准时钟,通过 PWMnCKS 寄存器设置。

④ 设置 PWM 波形的周期,通过 PWMnCH 和 PWMnCL 寄存器配置 15 位的初值。

⑤ 设置 PWM 波形的比较值,通过 PWMniT1 和 PWMniT2 设置。

⑥ 使能 PWM 输出,通过设置 PWMniCR 寄存器的 ENO 位为 1 来使能。

⑦ 使能 PWM 中断,使能 PWM 计数器的计数,通过 PWMCFGni 寄存器完成。

⑧ 使能中断总开关 EA。

9.4.2　呼吸灯设计

例 9.1　用 PWM 模块设计一个呼吸灯,设单片机的晶振频率为 11.059 2 MHz,电路如图 9.3 所示。

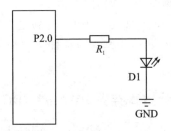

图 9.3　例 9.1 电路图

分析:可通过 PWM 波形改变 LED 灯的亮度,PWM 波形的占空比越大,LED 灯越亮,反之越暗。设周期计数值为 0x1000,比较值 PWM20T1＝0x0000,通过归零中断修改比较值 PWM20T2,以达到调节占空比的目的,程序代码如下:

```
#include "STC8G.h"
#include "intrins.h"
#define CYCLE 0x1000
/***********************中断服务程序********************/
void PWM2_Isr() interrupt 29
{
    static bit dir = 1;
    static int val = 0;
    if (PWMCFG23 & 0x08)
    {
        PWMCFG23 &= ~0x08;                    //清中断标志
        if (dir)
        {
            val++;
```

```
                if (val > = CYCLE) dir = 0;
        }
        else
        {
            val -- ;
            if (val < = 1) dir = 1;
        }
        _push_(P_SW2);
        P_SW2 | = 0x80;
        PWM2OT2 = val;
        _pop_(P_SW2);
    }
}
/ ************************** 主程序 **************************/
void main( )
{
    PWMSET = 0x01;          //使能 PWM0 模块(必须先使能,模块后面的设置才有效)
    P_SW2 = 0x80;
    PWM2CKS = 0x00;         // PWM0 时钟为系统时钟
    PWM2C = CYCLE;          //设置 PWM0 周期
    PWM2OT1 = 0x0000;
    PWM2OT2 = 0x0001;
    PWM2OCR = 0x80;         //使能 PWM0 输出
    P_SW2 = 0x00;
    PWMCFG23 = 0x05;        //启动 PWM0 模块并使能 PWM0 中断
    EA = 1;
    while (1);
}
```

9.4.3　互补对称带死区的 PWM 设计

例 9.2　通过 P2.0 和 P2.1 引脚产生互补对称带死区的 PWM,频率为 5 400 Hz,占空比 75%。系统时钟采用内部振荡器 11.059 2 MHz。

分析:由 PWM 波形产生的原理可知频率为 5 400 Hz,因此周期约为 18 μs,从而可计算出计数初值为 0x7800。由占空比 75% 可计算出比较值为 0x7900 和 0x7F00;由于是带死区的,所以另一路的比较值设为 0x7880 和 0x7F80。PWM 波形如图 9.4 所示。

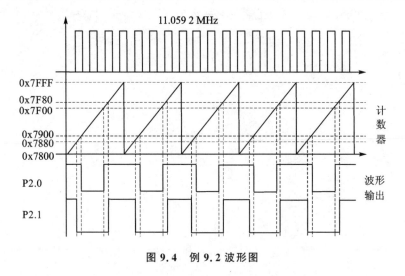

图 9.4　例 9.2 波形图

根据 PWM 模块的应用步骤和波形分析,程序代码如下:

```
#include "STC8G.h"
void main( )
{
    PWMSET = 0x04;       //使能 PWM2 模块(必须先使能模块,后面的设置才有效)
    P_SW2 = 0x80;
    PWM2CKS = 0x00;      //PWM2 时钟为系统时钟
    PWM2C = 0x7800;      //设置 PWM2 周期为 7800H 个 PWM 时钟
    PWM20T1 = 0x7900;    //PWM20 在计数值为 7900H 时输出低电平
    PWM20T2 = 0x7F00;    //PWM20 在计数值为 7F00H 时输出高电平
    PWM21T2 = 0x7880;    //PWM21 在计数值为 7880H 时输出高电平
    PWM21T1 = 0x7F80;    //PWM21 在计数值为 7F80H 时输出低电平
    PWM20CR = 0x80;      //使能 PWM00 输出
    PWM21CR = 0x80;      //使能 PWM01 输出
    P_SW2 = 0x00;
    PWMCFG23 = 0x01;     //启动 PWM2 模块
    while (1);
}
```

本章小结

脉宽调制 PWM(Pulse Width Modulation)是利用微处理器的数字输出来对模拟电路进行控制的一种非常有效的技术,在测量、通信、功率控制、电源变换等许多方面广泛应用。脉宽调制器由基准时钟、计数器、比较器和输出控制等电路构成。

STC8G 系列单片机内部集成了最多 6 组增强型的 PWM 波形发生器,每组可单独设置周期,每组为各自独立的 8 路。由于 P5 口缺少 P5.5~P5.7,所以最多可输出如下 45 路 PWM：

第 0 组，共 8 路，PWM00～PWM07，使用 PWM0CH|PWM0CL 设置周期。

第 1 组，共 8 路，PWM10～PWM17，使用 PWM1CH|PWM1CL 设置周期。

第 2 组，共 8 路，PWM20～PWM27，使用 PWM2CH|PWM2CL 设置周期。

第 3 组，共 8 路，PWM30～PWM37，使用 PWM3CH|PWM3CL 设置周期。

第 4 组，共 8 路，PWM40～PWM47，使用 PWM4CH|PWM4CL 设置周期。

第 5 组，共 5 路，PWM50～PWM54，使用 PWM5CH|PWM5CL 设置周期。

本章习题

一、填空题

1. 脉宽调制器（PWM）是由_____、_____、_____和_____构成的。

2. STC8G 系列单片机集成了_____组增强型的 PWM 波形发生器，最多可输出_____路 PWM。

3. STC8G 系列单片机的脉宽调制器（PWM）的时钟源来源于_____和_____。

二、选择题

1. STC8G 系列单片机的脉宽调制器（PWM）的计数器是_____。

A. 8 位　　　　　　B. 10 位　　　　　　C. 16 位　　　　　　D. 15 位

2. STC8G 系列单片机 PWM 模块产生的 PWM 波形的周期是由基准时钟和_____决定的。

A. 计数初值　　　B. 定时器　　　　C. 比较值　　　　D. 不确定

3. STC8G 系列单片机 PWM 模块的 PWM2 周期计数器寄存器是_____。

A. PWM2CH|PWM2CL　　　　　　　B. PWMSET

C. PWMCFGni　　　　　　　　　　D. 不确定

4. STC8G 系列单片机 PWM 模块的 PWM 全局配置寄存器是_____。

A. PWMSET　　B. PWMCFGni　　C. PWMnCKS　　D. 不确定

三、判断题

1. STC8G 系列单片机的脉宽调制器（PWM）可产生互补带死区的 PWM 波形。（　　）

2. STC8G 系列单片机的脉宽调制器（PWM）可模拟 D/A 信号输出。（　　）

3. STC8G 系列单片机的脉宽调制器（PWM）最多可输出 48 路 PWM 波形。（　　）

四、简答题

1. 请写出 STC8G 系列单片机的脉宽调制（PWM）应用开发的步骤。

2. 设计一个可调转速的电风扇控制器，要求用 STC8G2K64S4 单片机的脉宽调制（PWM）产生 PWM 波形，用外部中断设计按键调速。请设计电路，编写程序。

第 10 章　PCA 模块结构及应用

教学目标

【知识】

（1）深刻理解 STC8G 系列单片机中的 PCA 模块的输入捕获和输出比较的工作原理。

（2）掌握 STC8G 系列单片机中的 PCA 模块的结构，掌握软件定时、高速输出、捕获和 PWM 脉冲输出的结构。

【能力】

（1）具有分析 STC8G 系列单片机中的 PCA 模块应用电路的能力。

（2）具有应用 STC8G 系列单片机中的 PCA 模块实现软件定时、高速输出、捕获和 PWM 脉冲输出的能力。

10.1　STC8G 系列单片机 PCA 模块的结构

STC8G 系列单片机内部集成了 3 路可编程计数器阵列（PCA）模块，用于软件定时器、外部脉冲捕获、高速脉冲输出和 PWM 脉宽调制输出。

PCA 模块内部结构如图 10.1 所示，其中含有一个特殊的 16 位计数器，3 组 PCA 模块均与之相连接。

图 10.1 中，定时的基准时钟来源于系统时钟 f_{SYSclk} 的分频、定时器 T0 的溢出率或外部 ECI 输入（P1.2、P2.4 或 P3.4）；定时器由 CH|CL 构成 16 位加计数器；定时器的配置由 CCON 和 CMOD 寄存器完成；定时器的中断溢出标志为 ECF，并引起中断。

PCA 模块 0、PCA 模块 1 和 PCA 模块 2 是功能相同的 3 组模块，均可实现 4 种工作模式：

① 上升/下降沿输入捕获。

② 软件定时器。

③ 高速输出。

④ PWM 脉冲输出。

PCA 模块 0 输出默认连接到 P1.1，可通过设置寄存器 P_SW1 切换到 P3.5。

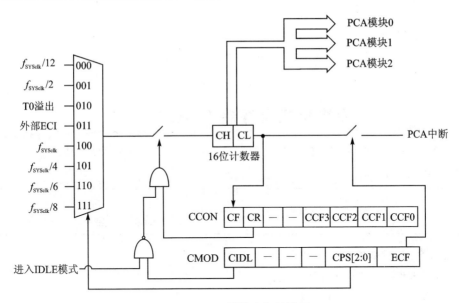

图 10.1　PCA 模块内部结构图

PCA 模块 1 输出默认连接到 P1.0,可通过设置寄存器 P_SW1 切换到 P3.6。

PCA 模块 2 输出默认连接到 P3.7,可通过设置寄存器 P_SW1 切换到 P2.7。

10.2　STC8G 系列单片机 PCA 模块的寄存器

10.2.1　PCA 模块控制寄存器 CCON

PCA 模块控制寄存器 CCON 用于控制 16 位计数器的运行计数时钟源和记录中断请求,其地址为 D8H,各位的功能如下:

寄存器	B7	B6	B5	B4	B3	B2	B1	B0
CCON	CF	CR	—	—	CCF3	CCF2	CCF1	CCF0

CF:PCA 计数器阵列溢出标志位。当 PCA 计数器溢出时,CF 由硬件置位。如果 CMOD 寄存器的 ECF 位置位,则 CF 标志可用来产生中断。CF 位可通过硬件或软件置位,但只可通过软件清零。

CR:PCA 计数器阵列运行控制位:

1:运行 PCA 计数器;

0:关闭 PCA 计数器。

CCF2:PCA 模块 2 中断标志。当出现匹配或捕获时,该位由硬件置位,该位必须通过软件清零。

CCF1:PCA 模块 1 中断标志。当出现匹配或捕获时,该位由硬件置位,该位必须通过软件清零。

CCF0:PCA 模块 0 中断标志。当出现匹配或捕获时该位由硬件置位,该位必须通过软件清零。

10.2.2 PCA 模块模式寄存器 CMOD

CMOD 寄存器用于选择 16 位计数器的时钟源和进行中断管理,其地址为 D9H,各位的功能如下:

寄存器	B7	B6	B5	B4	B3	B2	B1	B0
CMOD	CIDL	—	—	—	CPS[2:0]			ECF

CIDL:空闲模式下是否停止 PCA 计数:

0:空闲模式下 PCA 继续计数;

1:空闲模式下 PCA 停止计数。

CPS[2:0]:PCA 基准时钟源选择,如表 10.1 所列。注:外部输出时钟频率不能高于系统时钟频率的 1/2。

表 10.1　PCA 基准时钟源选择

CPS[2:0]	PCA 输入时钟源
000	$f_{SYSclk}/12$
001	$f_{SYSclk}/2$
010	T0 溢出率
011	ECI 输入(P1.2、P2.4 或 P3.4)
100	f_{SYSclk}
101	$f_{SYSclk}/4$
110	$f_{SYSclk}/6$
111	$f_{SYSclk}/8$

ECF:PCA 计数器溢出中断允许位:

0:禁止 PCA 计数器溢出中断;

1:使能 PCA 计数器溢出中断。

10.2.3 PCA 模块计数器寄存器 CH、CL

CH、CL 构成一个 16 位的寄存器,CH 为高 8 位,CL 为低 8 位。在每个基准时钟源的作用下,16 位计数器自动加 1。各位的定义如下:

寄存器	B7	B6	B5	B4	B3	B2	B1	B0
CH				[7:0]				
CL				[7:0]				

10.2.4　PCA 模块模式控制寄存器 CCAPM0、CCAPM1、CCAPM2

PCA 模块的模式控制寄存器是 CCAPM0、CCAPM1、CCAPM2,这 3 个寄存器各位的功能均一样,分别用于配置 PCA 模块 0、PCA 模块 1、PCA 模块 2 的工作模式,其地址分别为 DAH、DBH、DCH。下面以 CCAPM0 为例说明各位的功能如下:

寄存器	B7	B6	B5	B4	B3	B2	B1	B0
CCAPM0	—	ECOM0	CAPP0	CAPN0	MAT0	TOG0	PWM0	ECCF0

ECOM0:允许比较器功能控制位。当 ECOM0＝1 时,允许比较器功能。

CAPP0:正捕获控制位。当 CAPP0＝1 时,允许上升沿捕获。

CAPN0:负捕获控制位。当 CAPN0＝1 时,允许下降沿捕获。

MAT0:匹配控制位。当 MAT0＝1 时,CH|CL＝CCAP0H|CCAP0L,且 CCF0＝1。

TOG0:翻转控制位。当 TOG0＝1 时,PCA 模块工作于高速输出模式,PCA 计数器的值与模块的比较/捕获寄存器的值匹配将使 CCP0 引脚翻转。

PWM0:PWM 模式。当 PWM0＝1 时,允许 CCP0 引脚用作脉宽调制输出。

ECCF0:使能 CCF0 中断。使能寄存器 CCON 的比较/捕获标志 CCF0,用来产生中断。

10.2.5　PCA 模块捕获/比较寄存器

PCA 模块的捕获/比较寄存器有 CCAP0H|CCAP0L、CCAP1H|CCAP1L、CCAP2H|CCAP2L,地址分别为 EAH|EBH、ECH|FAH、FBH|FCH,分别由高 8 位、低 8 位寄存器构成 16 位计数器。当 PCA 模块为捕获功能时,该寄存器用于保存发生捕获时的 CH|CL 中的值;当 PCA 模块为 PWM 模式时,该寄存器用于设置匹配值。下面以 CCAP0H|CCAP0L 为例,各位的定义如下:

寄存器	B7	B6	B5	B4	B3	B2	B1	B0
CCAP0H				[7:0]				
CCAP0L				[7:0]				

10.2.6 PCA 模块 PWM 模式控制寄存器

PCA 模块 PWM 模式控制寄存器分别为 PCA_PWM0、PCA_PWM1、PCA_PWM2,地址分别为 F2H、F3H、F4H。下面以 PCA_PWM0 为例,各位的功能如下:

寄存器	B7	B6	B5	B4	B3	B2	B1	B0
PCA_PWM0	EBS0[1:0]		XCCAP0H[1:0]		XCCAP0L[1:0]		EPC0H	EPC0L

EBS0[1:0]:PCA 模块 0 的 PWM 位数选择,如表 10.2 所列。

表 10.2 PCA 模块 0 的 PWM 位数选择表

EBS0[1:0]	PWM 位数	重载值	比较值
00	8 位	CCAP0H[7:0]	CCAP0H[7:0]
01	7 位	CCAP0H[6:0]	CCAP0H[6:0]
10	6 位	CCAP0H[5:0]	CCAP0H[5:0]
11	10 位	XCCAP0H[1:0]|CCAP0H[7:0]	XCCAP0L[1:0]|CCAP0H[7:0]

XCCAP0H[1:0]:10 位 PWM 的第 9 位和第 10 位的重载值。

XCCAP0L[1:0]:10 位 PWM 的第 9 位和第 10 位的比较值。

EPC0H:在 PWM 模式下的重载值的最高位(8 位 PWM 的第 9 位,7 位 PWM 的第 8 位,6 位 PWM 的第 7 位,10 位 PWM 的第 11 位)。

EPC0L:在 PWM 模式下的比较值的最高位(8 位 PWM 的第 9 位,7 位 PWM 的第 8 位,6 位 PWM 的第 7 位,10 位 PWM 的第 11 位)。

注:在更新 10 位 PWM 的重载值时,必须先写高 2 位 XCCAP0H[1:0],再写低 8 位 CCAP0H[7:0]。

10.2.7 引脚切换寄存器 AUXR1(P_SW1)

引脚切换寄存器 AUXR1(P_SW1)各位的功能如下:

寄存器	B7	B6	B5	B4	B3	B2	B1	B0
P_SW1	S1_S1	S1_S0	CCP_S1	CCP_S0	SPI_S1	SPI_S0	0	DPS

CCP_S1、CCP_S0:用于设置 PCA 模块的输入或输出引脚,引脚的配置方式如表 10.3 所列。

表 10.3 引脚配置表

CCP_S1	CCP_S0	PCA 模块的功能引脚			
		ECI	CCP0	CCP1	CCP2
0	0	P1.2	P1.1	P1.0	P3.7
0	1	P3.4(ECI_2)	P3.5(CCP0_2)	P3.6(CCP1_2)	P3.7(CCP2_2)
1	0	P2.4(ECI_3)	P2.5(CCP0_3)	P2.6(CCP1_3)	P2.7(CCP2_3)
1	1	无效			

10.3 STC8G 系列单片机 PCA 模块的工作模式及应用开发案例

10.3.1 输入捕获模式应用开发设计

1. 输入捕获模式的工作原理

输入捕获模式的工作原理如图 10.2 所示,由基准时钟、定时器、捕获脉冲 3 部分组成,定时器在基准时钟(T_{PCAclk})作用下从初始状态开始计数,在计数过程中当遇到外部输入脉冲上升沿 t_1(下降沿也可)时,捕获定时器计数值 A,当遇到外部脉冲下一个周期的上升沿时,捕获定时器计数值 B,后续脉冲同理可分别捕获上升沿时定时器的计数值。由此可计算出捕获脉冲的周期 T,其计算公式为

$$T=(B-A)\times T_{\mathrm{PCAclk}} \tag{10.1}$$

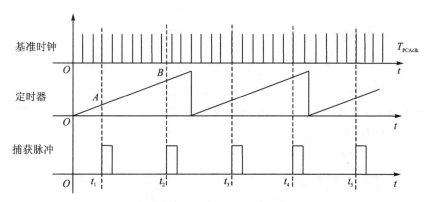

图 10.2 输入捕获模式工作原理图

例 基准时钟为 36 MHz,测得 $A=2\,400$,$B=6\,000$,请问外部脉冲信号的 T 和

f 各为多少?

解:根据输入捕获模式的原理,可得 $T = (6\,000 - 2\,400) \times \dfrac{1}{36 \times 10^6} = 0.1$ ms,频率 $f = 10$ kHz。

2. PCA 模块输入捕获模式的结构

STC8G2K64S4 单片机 PCA 模块输入捕获模式的结构如图 10.3 所示。首先配置寄存器 CCAPMn 中的 CAPNn 或 CAPPn 位(捕获方式:上升沿、下降沿);当模块工作于 PCA 模式时,对 CCP0/CCP1/CCP2 引脚的输入跳变进行采样,若检测到有效跳变,则将 CH|CL 中的计数值捕获到寄存器 CCAPnH|CCAPnL 中,同时将CCON 寄存器中的相应位 CCFn 置 1;若寄存器 CCAPMn 中的 ECCFn 位被设置为1,则将产生中断。由于所有 PCA 模块的中断入口地址是共享的,所以在中断服务程序中需要判断是哪一个模块产生的中断,并注意中断标志位需要用软件清零。

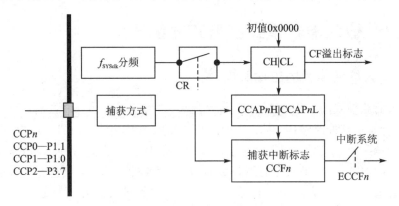

图 10.3　PCA 模块输入捕获模式的结构

3. 输入捕获模式应用举例

例 10.1　设计一个频率计,要求被测信号是方波,频率范围为 1 Hz~10 kHz,测量误差小于 2 Hz。

分析:系统时钟设置为 12 MHz,定时器配置的基准时钟为 $f_{\text{PCAclk}} = 12$ MHz/12 = 1 MHz,定时器的初值为 CH|CL = 0x0000;输入捕获设置触发方式为下降沿触发;在中断服务程序中读取捕获值,并计算频率。程序代码如下:

```
# include "STC8G.H"
# include <intrins.h>
#define  uchar   unsigned char
unsigned int Last_Cap = 0;          //上一次捕获数据
unsigned int New_Cap = 0;           //本次捕获数据
```

```c
unsigned int g_Period = 0;          //保存周期的变量 = 两次捕获数据之差
unsigned int g_Freq = 0;            //保存频率的变量
unsigned long Freq;                 //用于显示的频率变量
unsigned char Dis_buf[8];
/ ************************* 主程序 *************************/
void main()
{
    spi_init();
    CMOD = 0x00;                    //空闲时也进行 PCA 计数,计数时钟为 Fosc/12,
                                    //关闭计数器溢出中断 CF
    CCON = 0x00;                    //PCA 控制寄存器初始化
    CCAP0L = 0x00;                  //清零
    CCAP0H = 0x00;
    CL = 0x00;            //PCA 计数器清零
    CH = 0x00;
    EA = 1;
    CR = 1;                //启动 PCA 计数器计数
//  CCAPM0 = 0x21;        //PCA 模块 0 为 16 位上升沿捕获模式,且产生捕获中断
    CCAPM0 = 0x11;        //PCA 模块 0 为 16 位下降沿捕获模式,且产生捕获中断
//  CCAPM0 = 0x31;        //PCA 模块 0 为 16 位上升沿/下降沿捕获模式,且产生捕获中断
    while (1)
    {
        Freq = g_Period;                 //更新频率显示数据
        DisplayScan(  );                 //显示程序自行添加
    }
}
/ ********************** 中断服务程序 **************************/
void PCA_Int(void) interrupt 7                 //PCA 中断服务函数
{
    if (CCF0)                                  //PCA 模块 0 中断
    {
        CCF0 = 0;                              //清除 CCF 中断标志
        if(Last_Cap == 0)                      //说明是第一个边沿
        {
            Last_Cap = CCAP0H;                 //获得捕获数据的高 8 位
            Last_Cap = (Last_Cap << 8) + CCAP0L;
        }
        else                                   //说明是第二个边沿
        {
            CCF0 = 0;                          //清除 CCF 中断标志
            New_Cap = CCAP0H;                  //获得捕获数据的高 8 位
```

```
New_Cap = (New_Cap << 8) + CCAP0L;
g_Period = New_Cap - Last_Cap;              //计数值单位为 μs
g_Freq = (long)1000000 / g_Period;          //得到周期
Last_Cap = 0;                               //为下一次捕获设定初始条件
CCAP0L = 0x00;                              //清零
CCAP0H = 0x00;
CL = 0x00;                                  //PCA 计数器清零
CH = 0x00;
        }
    }
}
```

10.3.2 软件定时模式应用开发设计

当 CCAPMn 寄存器中的 ECOMn 和 MATn 位置位时,PCA 模块作为 16 位软件定时器,其结构如图 10.4 所示。PCA 计数器[CH|CL]的值与捕获/比较寄存器[CCAPnH|CCAPnL]的值相比较,当两者相等时,寄存器 CCON 中的 CCFn 位会被置 1,若寄存器 CCAPMn 中的 ECCFn 位被置 1,则将产生中断。CCFn 标志位需用软件清零。程序设计步骤如下:

① 当将 PCA 模块用作定时器使用时,将寄存器 CCAPMn(n = 0, 1, 2)的 ECOMn、MATn 和 ECCFn 位置 1。

② PCA 计数器[CH|CL]在每一个基准时钟下都自动加 1。PCA 模块默认的时钟频率 f_{PCAclk} 为 $f_{SYSclk}/12$。

③ 当[CH|CL]增加到等于捕捉/比较寄存器[CCAPnH|CCAPnL]的值时,CCFn=1,产生中断请求,在中断服务程序中给[CCAPnH|CCAPnL]重新赋值,则

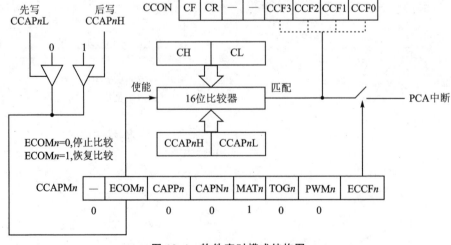

图 10.4 软件定时模式结构图

下一次中断来临的时间间隔 T 也是相同的,从而实现了定时功能。定时时间为

$$T_{定时时间} = T_{PCAclk} \times [CCAPnH \mid CCAPnL]$$

由此可推导出捕捉/比较寄存器的值为

$$[CCAPnH \mid CCAPnL] = T_{定时时间} / T_{PCAclk}$$

或

$$[CCAPnH \mid CCAPnL] = T_{定时时间} \times f_{PCAclk}$$

假设系统时钟频率 $f_{SYSclk} = 22.118\ 4$ MHz,使用默认时钟源 $f_{SYSclk}/12$,要求定时时间 $T_{定时时间}$ 为 5 ms,则 PCA 计数器的步长值为

$$[CCAPnH \mid CCAPnL] = 0.005 \times 22.118\ 4\ \text{MHz}/12 = 9\ 216 = 2\ 400\text{H}$$

例 10.2　PCA 通道 0 作为 5 ms 定时器用来控制与 P1.0 引脚连接的 LED 闪烁,请设计程序。

解　程序代码如下。

```
# include "STC8G.H"
sbit LED = P0^0;
/ ********************* 主程序 ********************* /
void main (void)
{
    CCAP0L = 0x00;          //给 PCA 模块 0 的 CCAP0L 置初值
    CCAP0H = 0x24;          //给 PCA 模块 0 的 CCAP0H 置初值
    CCAPM0 = 0x49;          //设置 PCA 模块 0 为 16 位定时器
    EA = 1;                 //开总中断
    CR = 1;                 //启动定时器
    while(1);               //等待中断
}
/ ******************* 中断服务程序 ******************* /
void PCA(void) interrupt 7    //每 5 ms 进入一次 PCA 中断
{
    unsigned int temp;
    temp = (CCAP0H << 8) + CCAP0L + 0x2400;
    CCAP0L = temp;          //取计算结果的低 8 位
    CCAP0H = temp >> 8;     //取计算结果的高 8 位
    CCF0 = 0;              //清除 PCA 模块 0 的中断标志
    LED = ! LED;          //在 P0.0 引脚输出脉冲宽度为 5 ms 的方波
}
```

10.3.3　高速脉冲输出模式应用开发设计

当 PCA 模块的 CCAPMn 寄存器中的 ECOMn、MATn 和 TOGn 位置位时,模块工作于高速脉冲输出模式。当 PCA 模块的计数值[CH|CL]与模块的捕获/比较寄存器中的值相匹配时,CCPn(P1.1、P1.0、P3.7)输出将发生翻转,通过改变捕获/

比较值即可改变高速脉冲输出。程序设计步骤如下：

① 将寄存器 CCAPMn 的 ECOMn、MATn、TOGn、ECCFn 位置 1。

② 当 PCA 模块计数器[CH|CL]的值与捕捉/比较寄存器[CCAPnH|CCAPnL]的值相等时，PCA 模块的输出引脚 CCPn 将发生翻转，为了得到所需要的输出频率，需要在中断服务程序中修改 CCAPnH、CCAPnL 递增步长值，计算公式为

$$f_{out} = \frac{f_{PCAclk}}{[CCAPnH|CCAPnL] \times 2}$$

式中，f_{out} 表示 PCA 模块通道 n 输出的时钟频率，$[CCAPnH|CCAPnL] = f_{PCAclk}/(2 \times f_{out})$。

例 10.3 系统时钟频率 $f_{SYSclk} = 22.118\ 4$ MHz，当使用默认时钟源 $f_{SYSclk}/12$ 时，要求利用 PCA 模块 0 在 CCP0(P1.1)引脚输出 10 kHz 的方波。

解: $[CCAPnH|CCAPnL] = (22\ 118\ 400/12)/(2 \times 10\ 000) = 92.16$，四舍五入取整得 92，即十六进制为 0x005C。程序代码如下。

```
#include "STC8G.H"
/ ************************** 主程序 **************************** /
void main (void)
{
    CCAP0L = 0x5C;              //给 PCA 模块 0 的 CCAP0L 置初值
    CCAP0H = 0;                 //给 PCA 模块 0 的 CCAP0H 置初值
    CCAPM0 = 0x4D;             //设置 PCA 模块通道 0 为时钟输出模式
    EA = 1;                     //开总中断
    CR = 1;                     //启动定时器
    while(1);                   //等待中断
}
/ ********************** 中断服务程序 *************************** /
void PCA(void) interrupt 7
{
    unsigned int temp;
    temp = CCAP0H << 8) + CCAP0L + 0x5C
    CCAP0L = temp;             //取计算结果的低 8 位
    CCAP0H = temp >> 8;        //取计算结果的高 8 位
    CCF0 = 0;                   //清除 PCA 模块 0 的中断标志
}
```

10.3.4 PWM 模式应用开发设计

当将 CCAPMn 寄存器中的 ECOMn 和 PWMn 位置位时，PCA 模块工作于 PWM(脉宽调制)模式，应用中可灵活控制波形的占空比、周期和相位。该模式广泛

应用于三相电机驱动、D/A 转换等场合。

PCA 模块中的 PWM 模式结构如图 10.5 所示,下面以 8 位为例进行讲解。当将 PCA_PWMn 寄存器中的 EBSn[1:0] 位设置为 00 时,模块工作于 8 位 PWM 模式,此时将 CL[7:0] 与捕获寄存器 CCAPnL[7:0] 进行比较。当 CL[7:0] 小于 CCAPnL[7:0] 时,输出低电平;反之,输出高电平。当 CL[7:0] 的值由 FFH 变为 00H 溢出时,CCAPnL[7:0] 的内容被重新装载,这样可实现无干扰地更新 PWM。程序设计步骤如下:

① CCAPMn 寄存器的 ECOMn 和 PWMn 位必须置位。

② 计算脉冲周期,并写入 CL 寄存器。设要产生的 PWM 脉冲周期为 T,频率为 f,则 PWM 的脉冲周期为

$$T = T_{\text{PCAclk}} \times (256 - \text{CL})$$

可推导出

$$\frac{1}{f} = \frac{1}{f_{\text{PCAclk}}} \times (256 - \text{CL})$$

进而可推导出

$$\text{CL} = 256 - \frac{f_{\text{PCAclk}}}{f}$$

③ 计算占空比,并写入 CCAPnL 寄存器,计算公式为

$$\text{CCAP}n\text{L} = (1 - 占空比) \times (256 - \text{CL})$$

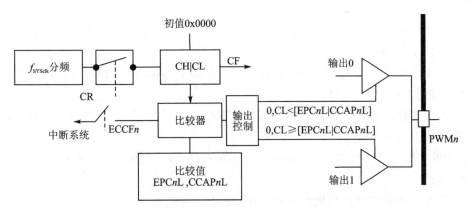

图 10.5　PWM 模式的结构图

例 10.4　利用 PCA 模块的 PWM 功能,在 P1.1 引脚输出频率为 6 kHz、占空比为 25% 的 PWM 脉冲。晶振频率为 18.432 MHz。

分析:由于 P1.1 引脚对应 PCA 模块 0 的输出,因此需要配置 PWM 模块 0。

PWM 输出脉冲的频率 = (18.432 MHz/12)/N = 6 kHz,N = 256,CH = CL = 256 - 256 = 0。

由于 PWM 的占空比 = (256 - CCAP0L)/256 = 25%,所以 CCAP0L 的设定值

为 C0H。

程序代码如下：

```
# include "STC8G.H"
void main(void)
{
    CMOD = 0x00;              //设置 PCA 计数的时钟源
    CH = 0x00;                //设置 PCA 计数的初始值
    CL = 0x00;
    CCAPM0 = 0x42;            //设置 PCA 模块为 PWM 功能(0100 0010)
    CCAP0L = 0xC0;            //设定 PWM 的脉冲宽度
    CCAP0H = 0xC0;            //与 CCAP0L 相同,保存 PWM 的脉冲宽度参数
    CR = 1;                   //启动 PCA 计数
    while(1);                 //PWM 功能启动完成,程序结束
}
```

本章小结

STC8G 系列单片机内部集成了 3 路可编程计数器阵列(PCA)模块,用于实现外部脉冲捕获、软件定时器、高速脉冲输出和 PWM 输出 4 种模式,每个模块均能工作于这 4 种模式。

PCA 模块 0 连接到 P1.1 引脚,可通过寄存器 P_SW1 中的 CCP_S1、CCP_S0 位配置到 P3.5 或 P2.5 引脚。

PCA 模块 1 连接到 P1.0 引脚,可通过寄存器 P_SW1 中的 CCP_S1、CCP_S0 位配置到 P3.6 或 P2.6 引脚。

PCA 模块 2 连接到 P3.7 引脚,可通过寄存器 P_SW1 中的 CCP_S1、CCP_S0 位配置到 P2.7 引脚。

PWM 模式有 6 位、7 位、8 位和 10 位 4 种选择,也可以利用 PWM 模式实现 D/A 转换。

PCA 模块的中断向量地址是 003BH,中断号是 7。

本章习题

一、填空题

1. STC8G 系列单片机内部集成了 3 路可编程计数器阵列,可实现_____、_____、_____和 PWM 输出。

2. STC8G 系列单片机内部的 PCA 模块的时钟源是由 CMOD 寄存器设置的,

可以选择_____、T0 的溢出率和 ECI 输入。

3. PCA 模块 0 的输出默认连接到_____,PCA 模块 1 的输出默认连接到_____,PCA 模块 2 的输出默认连接到_____。

4. PCA 模块的中断向量地址是_____,中断号是_____。

二、选择题

1. STC8G 系列单片机内部的 PCA 模块含有一个_____位的计数器。

A. 8　　　　　　　　B. 10　　　　　　　　C. 12　　　　　　　　D. 16

2. 当 CCAPM0＝0x4D 时,PCA 模块 0 的工作模式是_____。

A. 软件定时　　　　B. 高速输出　　　　C. PWM　　　　　　D. 捕获

3. PCA 模块包括_____个独立的工作模块。

A. 1　　　　　　　　B. 2　　　　　　　　C. 3　　　　　　　　D. 4

三、判断题

1. PCA 模块内部含有一个 8 位的计数器。(　　　)

2. PCA 模块的时钟源只来源于系统时钟。(　　　)

3. PCA 模块可同时输出 3 路 PWM 脉冲波形。(　　　)

4. PCA 模块 0、PCA 模块 1、PCA 模块 2 不可以设置在同一种工作模式下。(　　　)

四、简答题

1. 请简述 PCA 模块的组成结构。

2. 请简述 PCA 模块的功能。

3. 利用 PCA 模块的 PWM 模式设计一个周期为 100 Hz、占空比可调的 PWM 脉冲波形,请画出电路图,并编写程序。

第 11 章　同步串行外设接口 SPI 结构及应用

教学目标

【知识】

(1) 掌握同步串行外设接口 SPI 的作用、组成结构、工作原理以及 4 种不同的工作模式。

(2) 掌握 STC8G 系列单片机的同步串行外设接口 SPI 的组成结构和寄存器配置。

(3) 掌握 STC8G 系列单片机的同步串行外设接口 SPI 的应用开发步骤。

【能力】

(1) 具有分析由 STC8G 系列单片机构成的同步串行外设接口 SPI 电路的能力。

(2) 具有应用 STC8G 系列单片机的同步串行外设接口 SPI 进行电路设计和程序设计的能力。

11.1　同步串行外设接口 SPI 的工作原理

11.1.1　同步串行外设接口 SPI 的组成

SPI 是串行外设接口(Serial Peripheral Interface)的缩写,是 Motorola 公司推出的一 种同步串行接口技术。它是高速、全双工、同步的串行通信总线,常用于单片机与 EEPROM、Flash、实时时钟(RTC)、模/数转换器(ADC)、网络控制器、MCU、数字信号处理器(DSP)和数字信号解码器之间的高速通信。

SPI 的通信是以主、从方式工作的,这种工作方式通常有一个主设备和一个或多个从设备,需要至少 4 根接口线:MISO(主输入从输出)、MOSI(主输出从输入)、SCLK(时钟)、$\overline{\text{CS}}$(片选),如图 11.1 所示。

MOSI:主设备数据输出,从设备数据输入。

MISO:主设备数据输入,从设备数据输出。

SCLK:时钟信号,由主设备产生。

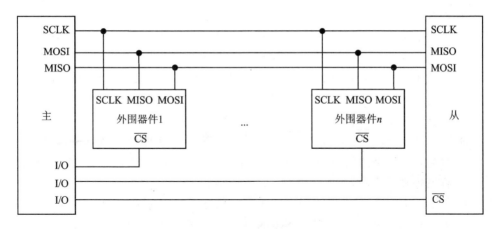

图 11.1　SPI 通信结构图

$\overline{\text{CS}}$:从设备使能信号,由主设备控制。当有多个从设备时,因为每个从设备上都有一个片选引脚接到主设备上,所以当主设备与某个从设备通信时,需将从设备对应的片选引脚电平拉低或拉高。

11.1.2　同步串行外设接口 SPI 的通信协议

SPI 通信有 4 种不同的模式,而通信双方必须工作在同一模式下,因此必须对主设备的 SPI 模式进行配置,可通过控制寄存器 SPCTL 的控制位 CPOL(时钟极性)和 CPHA(时钟相位)来控制主设备的通信模式。时钟极性控制位 CPOL 用来配置 SCLK 在空闲状态下的逻辑电平,时钟相位控制位 CPHA 用来配置数据在第几个边沿采样。通信协议的时序如图 11.2 所示。

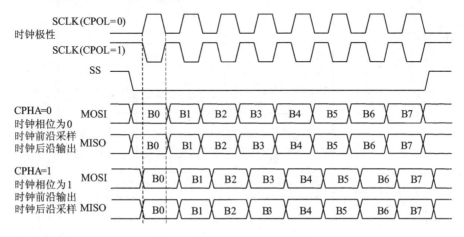

图 11.2　SPI 通信协议时序图

SPI 通信有 4 种模式,分别为模式 0、模式 1、模式 2、模式 3,具体如下:

- 模式 0(CPOL=0,CPHA=0):在空闲状态下,SCLK 处于低电平,数据采样发生在第 1 个沿,也就是 SCLK 由低电平到高电平的跳变处,所以数据采样发生在上升沿,数据发送发生在下降沿。
- 模式 1(CPOL=0,CPHA=1):在空闲状态下,SCLK 处于低电平,数据发送发生在第 1 个边沿,也就是 SCLK 由低电平到高电平的跳变处,所以数据采样发生在下降沿,数据发送发生在上升沿。
- 模式 2(CPOL=1,CPHA=0):在空闲状态下,SCLK 处于高电平,数据采样发生在第 1 个边沿,也就是 SCLK 由高电平到低电平的跳变处,所以数据采样发生在下降沿,数据发送发生在上升沿。
- 模式 3(CPOL=1,CPHA=1):在空闲状态下,SCLK 处于高电平,数据发送发生在第 1 个边沿,也就是 SCLK 由高电平到低电平的跳变处,所以数据采样发生在上升沿,数据发送发生在下降沿。

11.2 STC8G 系列单片机同步串行外设接口 SPI 的结构

STC8G2K64S4 单片机集成了 1 个同步串行外设接口 SPI,提供两种操作模式:主模式和从模式。其内部结构如图 11.3 所示。内部核心电路包括一个 8 位移位寄存器和数据缓冲器,数据可以同时发送和接收。在数据传输过程中,发送和接收的数据均存储在数据缓冲器中。

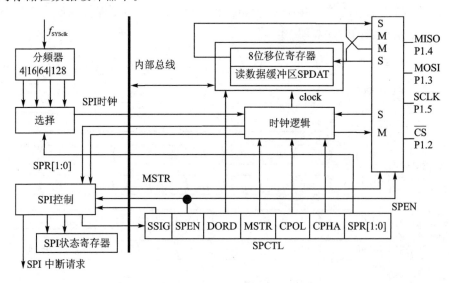

图 11.3 同步串行外设接口 SPI 的内部结构

对于主模式,若要发送一字节数据,则只需将该数据写入 SPDAT 寄存器中。在主模式下,$\overline{\text{CS}}$ 信号不是必需的;但是在从模式下,必须在 $\overline{\text{CS}}$ 信号变为有效并接收到合适的时钟信号后,方可进行数据传输。在从模式下,当一字节数据传输完成后,$\overline{\text{CS}}$ 信号变为高电平,状态寄存器 SPSTAT 的 SPIF 标志位置 1,表示接收完成,SPI 接口准备接收下一帧数据。

STC8G2K64S4 单片机的 SPI 接口的 4 个引脚默认为 SCLK(P1.5)、MISO(P1.4)、MOSI(P1.3)、$\overline{\text{CS}}$(P1.2),也可通过 P_SW1 寄存器的控制位[SPI_S1 | SPI_S0]将 MISO、MOSI、SCLK 和 $\overline{\text{CS}}$ 这 4 个功能引脚切换到引脚 P2.2、P2.3、P2.1、P2.4 或引脚 P4.1、P4.0、P4.3、P5.4 上。

11.3　STC8G 系列单片机同步串行外设接口 SPI 的寄存器

STC8G2K64S4 单片机的 SPI 的寄存器主要有控制寄存器 SPCTL、状态寄存器 SPSTAT 和数据寄存器 SPDAT。

11.3.1　SPI 控制寄存器 SPCTL

SPI 控制寄存器 SPCTL 主要用于对 SPI 进行配置和控制速度,其地址为 CEH,各位的功能如下:

寄存器	B7	B6	B5	B4	B3	B2	B1	B0
SPCTL	SSIG	SPEN	DORD	MSTR	CPOL	CPHA	SPR[1:0]	

SSIG:是否使用片选引脚:

0:片选引脚有效(注意:主机无须片选),当片选引脚 $\overline{\text{CS}}$ 为低时芯片被选中,可正常通信;当片选引脚 $\overline{\text{CS}}$ 为高时芯片未被选中,不参与通信。

1:片选引脚无效。

SPEN:SPI 使能位:

0:禁止 SPI,所有 SPI 引脚都作为普通 I/O 口使用。

1:使能 SPI。

DORD:设定数据发送或接收的顺序:

0:高位在前,低位在后。

1:低位在前,高位在后。

MSTR:SPI 主/从机选择:

1:用作主机。

0:用作从机。

CPOL:时钟极性选择:

0:SPI 空闲时,时钟线为低电平。

1:SPI 空闲时,时钟线为高电平。

CPHA:时钟相位选择:

0:时钟前沿采样,后沿输出。

1:时钟前沿输出,后沿采样。

SPR[1:0]:主机输出时钟频率选择,如表 11.1 所列。

表 11.1　SPI 时钟频率选择

SPR[1:0]	SCLK 频率
00	$f_{SYSclk}/4$
01	$f_{SYSclk}/8$
10	$f_{SYSclk}/16$
11	$f_{SYSclk}/32$

11.3.2　SPI 状态寄存器 SPSTAT

SPI 状态寄存器 SPSTAT 主要反映 SPI 在运行过程中的状态,其地址为 CDH,各位的功能如下:

寄存器	B7	B6	B5	B4	B3	B2	B1	B0
SPSTAT	SPIF	WCOL	—	—	—	—	—	—

SPIF:SPI 发送/接收完成标志。当一次发送/接收完成时,SPIF 被置 1,此时如果 SPI 中断被打开(ESPI=1,EA=1),则产生中断。SPIF 标志可通过软件向其写入 1 而被清零,比如,执行 SPSTAT=0xC0 后,SPSTAT=0x00。

WOCL:SPI 写冲突标志。当一个数据还在传输,又向数据寄存器 SPDAT 写入数据时,WOCL 被置 1,WOCL 标志通过软件向其写入 1 而被清零。

11.3.3　SPI 数据寄存器 SPDAT

SPI 数据寄存器 SPDAT 用于发送和接收数据,其地址为 CFH,各位的功能如下:

寄存器	B7	B6	B5	B4	B3	B2	B1	B0
SPDAT				[7:0]				

B7~B0:保存 SPI 通信数据字节。例如,主机发送数据,执行 SPDAT=XX 命令后,硬件电路自动输出变量 XX 中的数据,主机接收从机数据,执行 XX=SPDAT 命令后,读出 SPI 接口收到的数据。

11.3.4　中断相关寄存器

STC8G 系列单片机中与 SPI 中断相关的寄存器包括：

① 状态寄存器 SPSTAT。该寄存器中的 SPIF 位是 SPI 的中断标志位。

② 中断允许控制寄存器 IE2。该寄存器中的 ESPI 位设置 SPI 中断的使能与禁止。

③ 中断优先级寄存器 IP2H、IP2。寄存器 IP2H 中的 PSPIH 位和寄存器 IP2 中的 PSPI 位可设置 4 个优先等级。寄存器的详细配置请参见与中断有关的章节。

SPI 的中断向量地址为 0x004B，中断编号为 9。

11.4　STC8G 系列单片机同步串行外设接口 SPI 应用开发案例

SPI 的通信通常有 3 种应用方式：单主单从（一个主机设备连接一个从机设备）、互为主从（两个设备连接，设备互为主机和从机）、单主多从（一个主机设备连接多个从机设备）。

11.4.1　单主单从应用设计

两个设备相连，其中一个设备固定作为主机，另一个设备固定作为从机。电路连接如图 11.4 所示。

主机配置：SSIG 设置为 1，MSTR 设置为 1，固定为主机模式。主机可以使用任意端口连接从机的 $\overline{\text{CS}}$ 引脚，拉低从机的 $\overline{\text{CS}}$ 引脚即可使能从机。

从机配置：SSIG 设置为 0，CS 引脚作为从机的片选信号。

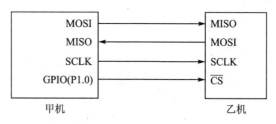

图 11.4　单主单从配置

例 11.1　要求甲、乙两机用 SPI 接口通信，甲机为主机，通过 P1.0 引脚连接至从机的 $\overline{\text{CS}}$ 端，甲机的 P1.1 引脚外接 LED 灯作为数据发送标志。乙机接收到数据后将数据返回给甲机，并将数据通过 P1 口显示出来。

甲机主模式的发送程序代码如下：

```
# include "STC8G. h"
# define ESPI 0x02
sbit CS = P1^0;
sbit LED = P1^1;
bit busy;
/ ************************** 主程序 ************************* /
void main()
{
    LED = 1;
    CS = 1;
    busy = 0;
    SPCTL = 0x50;              //使能 SPI 主机模式
    SPSTAT = 0xc0;             //清中断标志
    IE2 = ESPI;                //使能 SPI 中断
    EA = 1;
    while (1)
    {
        while (busy);
        busy = 1;
        CS = 0;                //拉低从机 CS 引脚
        SPDAT = 0x5a;          //发送测试数据
    }
}
/ ******************** 中断服务程序 ************************/
void SPI_Isr() interrupt 9
{
    SPSTAT = 0xc0;             //清中断标志
    CS = 1;                    //拉高从机的 CS 引脚
    busy = 0;
    LED = ! LED;               //测试端口
}
```

乙机从模式的接收程序代码如下：

```
# include "STC8G. h"
# define ESPI   0x02
# define   LED = P1;
/ ************************** 主程序 ************************* /
void main()
{
    SPCTL = 0x40;              //使能 SPI 从机模式
    SPSTAT = 0xc0;             //清中断标志
    IE2 = ESPI;                //使能 SPI 中断
    EA = 1;
    while (1);
}
/ ******************** 中断服务程序 ************************ /
void SPI_Isr() interrupt 9
{
```

```
        SPSTAT = 0xc0;              //清中断标志
        SPDAT = SPDAT;             //将接收到的数据回传给主机
        LED = SPDAT;               //测试端口
    }
```

11.4.2　互为主从应用设计

两个设备相连,主机和从机不固定,电路连接如图 11.5 所示。主从设置有 2 种方式。

设置方式 1:两个设备初始化时都将 SSIG 设置为 0,将 MSTR 设置为 1,且将 $\overline{CS}$ 引脚设置为双向口模式输出高电平。此时, 两个设备都不忽略 $\overline{CS}$ 的主机模式。当其中一个设备需要启动传输时,可将自己的 $\overline{CS}$ 引脚设置为输出模式并输出低电平,拉

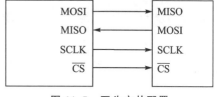

图 11.5　互为主从配置

低对方的 $\overline{CS}$ 引脚,这样另一个设备就被强行设置为从机模式了。

设置方式 2:两个设备初始化时均将自己设置为忽略 $\overline{CS}$ 引脚的从机模式,即将 SSIG 设置为 1,将 MSTR 设置为 0。当其中一个设备需要启动传输时,先检测 $\overline{CS}$ 引脚的电平,如果为高电平,就将自己设置为忽略 $\overline{CS}$ 引脚的主模式,即可进行数据传输了。

例 11.2　甲、乙两机互为主、从模式通信,两机在 P1.1 引脚外接 LED 灯,在 P3.2 引脚外接按键,两机中谁先按下按键即为主机,另一个为从机,当主机发送完数据后 LED 灯点亮。

两机的程序代码如下:

```
#include "STC8G.h"
#define ESPI 0x02
sbit CS = P1^0;
sbit LED = P1^1;
sbit KEY = P3^2;
/*************************** 主程序 ***************************/
void main()
{
    LED = 1;
    KEY = 1;
    CS = 1;
    SPCTL = 0x40;              //使能 SPI 从机模式并待机
    SPSTAT = 0xc0;            //清中断标志
    IE2 = ESPI;              //使能 SPI 中断
    EA = 1;
    while (1)
    {
        if (!KEY)               //等待按键触发
        {
```

```
            SPCTL = 0x50;                   //使能 SPI 主机模式
            CS = 0;                         //拉低从机 CS 引脚
            SPDAT = 0x5a;                   //发送测试数据
            while (!KEY);                   //等待按键释放
        }
    }
}
/ ********************** 中断服务程序 ************************ /
void SPI_Isr() interrupt 9
{
    SPSTAT = 0xc0;                          //清中断标志
    if (SPCTL & 0x10)
    {                                       //主机模式
        CS = 1;                             //拉高从机的 CS 引脚
        SPCTL = 0x40;                       //重新设置为从机并待机
    }
    else
    {                                       //从机模式
        SPDAT = SPDAT;                      //将接收到的数据回传给主机
    }
    LED = !LED;                             //测试端口
}
```

例 11.3 利用 STC8G2K64S4 单片机的 SPI 同步串行外设接口,通过 74LS595 芯片外接 LED 显示器实现数码显示,使其能显示数字"01234567",硬件电路如图 11.6 所示。请设计软件程序。

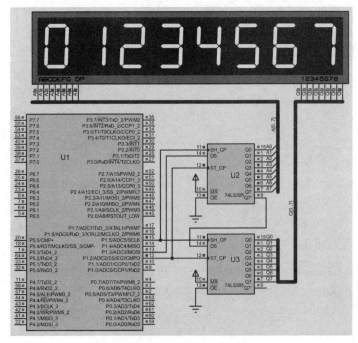

图 11.6　例 11.3 图

　　分析：利用 SPI 接口，采用单主单从模式，主机固定发送数据，从机 74LS595 接收数据。程序代码如下：

```
# include "STC8G.H"
unsigned char code DuanMa[] = {0x3F,0x06,0x5B,0x4F,0x66,0x6D,0x7D,0x07,0x7F,0x6F};
//显示段码值 0123456789
unsigned char code WeiMa[] = {0x01,0x02,0x04,0x08,0x10,0x20,0x40,0x80};
sbit P_HC595_RCLK = P1^2;                    //CS 片选信号引脚
/ ************************* 通过 SPI 发送一字节 *******************
input:dat 发送的数据
 ************************************************************ /
void SPI_SendByte(unsigned char dat)
{
    SPSTAT = 0xc0;                    //标置位 SPIF 和 WCOL 清 0(11000000)
    SPDAT = dat;                      //发送一字节
    while(SPSTAT & 0x80 == 0);        //等待发送完成
    SPSTAT = SPSTAT = 0xc0;           //标志位 SPIF 和 WCOL 清 0
}
/ ************************* SPI 显示程序 *******************
input: x_bit,要显示的位数;D_data,要显示的数据
 ************************************************************ /
void DisplayScan(unsigned char x_bit,unsigned char D_data)
{
    unsigned int i;
    SPI_SendByte(~WeiMa[x_bit]);      //发送位码
    for(i = 0;i <= 400;i++);          //延时
    SPI_SendByte(DuanMa[D_data]);     //发送段码
    for(i = 0;i <= 400;i++);          //延时
    P_HC595_RCLK = 1;                 //片选使能
    P_HC595_RCLK = 0;
}
/ ************************* 主程序 ************************* /
void main(void)
{
    unsigned char n = 0;
    SPCTL = 0x70;                     //设置为主机(或 SPCTL = 0xFC;)
    SPSTAT = 0xc0;                    //标志位 SPIF 和 WCOL 清 0
    while(1)
    {
        for (n = 0; n <= 7; n++)
        {
            DisplayScan(n,n);
        }
    }
}
```

本章小结

SPI 接口可实现单片机与其他微控制器、网络控制器、数字信号处理器（DSP）通信，也可与具有 SPI 兼容接口的器件如 EEPROM、Flash、实时时钟（RTC）、模数转换器（ADC）进行通信。

STC8G 系列单片机内部的 SPI 接口有主模式和从模式两种操作模式。主模式的传输速率可调节，从模式的传输速率不要太快，频率在 $f_{SYSclk}/4$ 以内为好。SPI 具有设置传输完成标志和写冲突保护功能。SPI 在应用中的通信方式有单主单从、互为主从、单主多从。

STC8G 系列单片机的 SPI 接口内部的核心电路是一个 8 位移位寄存器和数据缓冲器，数据可同时发送和接收。在数据传输过程中，发送和接收的数据均存储在数据缓冲器中。

STC8G 系列单片机的 SPI 接口的寄存器有控制寄存器 SPCTL、状态寄存器 SPSTAT、数据寄存器 SPDAT 和中断相关寄存器。

本章习题

一、填空题

1. SPI 接口可实现单片机与_____通信，也可与具有 SPI 兼容接口的器件如_____进行通信。

2. STC8G 系列单片机内部的 SPI 接口有_____和_____两种操作模式。

3. SPI 在应用中的通信方式有_____、_____、_____。

4. SPI 通信有 4 根通信接口线，分别是_____、_____、_____、_____。

二、选择题

1. 当设置 SPI 的控制寄存器 SPCTL＝0x00 时，SPI 的时钟为_____。

A. $f_{SYSclk}/4$　　　B. $f_{SYSclk}/8$　　　C. $f_{SYSclk}/16$　　　D. $f_{SYSclk}/32$

2. 当设置 SPI 的控制寄存器 SPCTL＝0x10 时，SPI 用作_____设备。

A. 主　　　B. 从　　　C. 主/从　　　D. 不确定

3. 当 SPI 用于发送数据，其状态寄存器 SPSTAT ＝0x80 时，表示发送_____。

A. 结束　　　B. 开始　　　C. 正在进行　　　D. 不确定

三、判断题

1. STC8G 系列单片机内部的 SPI 接口是一种同步串行外设接口。（　　　）

2. STC8G 系列单片机内部的 SPI 接口也可用于异步串行通信。（　　　）

3. SPI 通信根据时钟极性和时钟相位的不同，有 4 种工作模式。（　　　）

4．STC8G 系列单片机内部的 SPI 接口可用于实现一主多从的模式。（　　）

5．STC8G 系列单片机内部的 SPI 接口可用于互为主从的模式。（　　）

四、简答题

1．简述 STC8G 系列单片机的 SPI 接口的应用开发步骤。

2．请用 STC8G 系列单片机的 SPI 接口、定时/计数器、74HC595 芯片、LED 显示器设计一个数字时钟，要求能显示年、月、日、时、分、移等信息，并画出电路、编写程序。

第 12 章　I²C 总线结构及应用

教学目标

【知识】

(1) 掌握 I²C 总线的功能、工作原理、组成结构以及主/从工作模式。

(2) 掌握 STC8G 系列单片机的 I²C 总线模块的组成结构和寄存器配置。

(3) 掌握 STC8G 系列单片机的 I²C 总线的应用开发步骤。

(4) 掌握常见的具有 I²C 总线接口芯片的应用。

【能力】

(1) 具有分析由 STC8G 系列单片机构成的 I²C 总线接口电路的能力。

(2) 具有应用 STC8G 系列单片机 I²C 总线接口进行电路设计和程序设计的能力。

12.1　I²C 总线的工作原理

I²C(Inter Interface Circuit)的意思是芯片间总线,是目前广泛使用的芯片间串行扩展总线。I²C 总线有荷兰飞利浦公司和日本索尼公司两个规范,现多采用飞利浦公司的 I²C 总线技术规范。采用 I²C 技术的单片机和外围器件的种类很多,广泛用于各类电子产品、家用电器和通信设备中。

12.1.1　I²C 总线组成结构

I²C 是一种高速同步通信总线,在硬件结构上由两条信号线构成,一条是数据线 SDA,另一条是时钟线 SCL。SDA 和 SCL 都是双向的,I²C 总线上各器件的数据线都接到 SDA 线上,各器件的时钟线都接到 SCL 线上。I²C 总线系统的基本结构如图 12.1 所示。

I²C 串行总线的运行由主器件(或称主机)控制,发出起始信号、时钟信号、终止信号的主器件通常由单片机来担当。从器件(或称从机)可以是存储器、LED 或 LCD 驱动器、A/D 或 D/A 转换器、时钟/日历器件等。

在 I²C 总线空闲时,SDA 和 SCL 两条线均为高。连接到总线上的器件的输出端

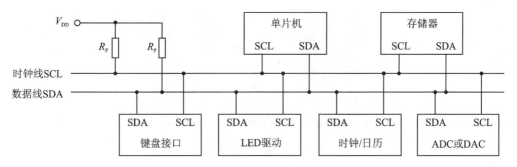

图 12.1　I²C 总线系统的基本结构图

必须是漏极或集电极开路,只要有一器件在任意时刻输出低电平,都将使总线上的信号变低,即各器件的 SDA 与 SCL 都是"线与"关系。由于各器件的输出都为漏极开路,故须通过上拉电阻接正电源,以保证 SDA 和 SCL 在空闲时被上拉为高电平。SCL 线上的时钟信号对 SDA 线上各器件之间的数据传输起同步控制作用。SDA 线上的数据起始、终止及数据的有效性均要根据 SCL 线上的时钟信号来判断。

在标准 I²C 模式下,数据传输速率为 100 kb/s,在高速模式下可达 400 kb/s。总线上扩展器件的数量不是由电流负载决定,而是由电容负载决定的。I²C 总线的每个器件接口都有一定的等效电容,连接器件越多,电容值越大,从而会造成信号传输延迟。总线上允许的器件数量以器件电容量不超过 400 pF 为宜,据此可计算出总线长度及连接器件的数量。每个 I²C 总线器件都有唯一的地址,在扩展器件时也要受器件地址数目的限制。I²C 总线应用系统允许多主器件,但由哪一个主器件来控制总线需要通过总线仲裁来决定。

12.1.2　I²C 总线数据传输协议

1. 数据位的有效性

在 I²C 总线上进行数据传送时,传送的每一数据位都与时钟脉冲相对应。在时钟脉冲为高电平期间,数据线上的数据须保持稳定,在 I²C 总线上,只有在时钟线为低电平期间,数据线上的电平状态才允许变化,如图 12.2 所示。

2. 起始信号和终止信号

I²C 总线协议是:总线上数据信号的传送由起始信号(S)开始、终止信号(P)结束,其时序如图 12.3 所示。起始信号和终止信号都由主机发出,在起始信号产生后,总线就处于占用状态;在终止信号产生后,总线就处于空闲状态。

起始信号(S):在 SCL 线为高期间,SDA 线由高电平向低电平的变化表示起始信号,只有在起始信号以后,其他命令才有效。

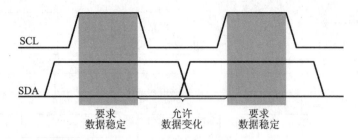

图 12.2　数据位的有效性

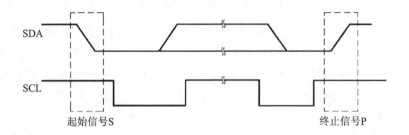

图 12.3　起始信号和终止信号

终止信号(P):在 SCL 线为高期间,SDA 线由低电平向高电平的变化表示终止信号。

3. 数据传送的应答

在 I²C 总线上进行数据传送时,传送字节数没有限制,但每字节须为 8 位长。在数据传送时,先传送最高位(MSB),每一个被传送的字节后面都必须跟随 1 位应答位(即 1 帧共有 9 位),其时序如图 12.4 所示。

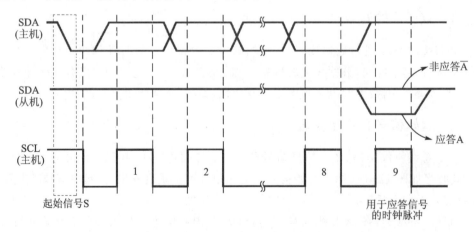

图 12.4　数据传送的应答

I²C 总线在传送每一字节数据后都须有应答信号 A,应答信号在第 9 个时钟位上出现。与应答信号对应的时钟信号由主器件产生,这时发送方须在这一时钟位上使 SDA 线处于高电平状态,以便接收方在这一位上送出低电平应答信号 A。

当主机接收来自从机的数据时,在接收到最后一个数据字节后,须给从机发送一个非应答信号($\overline{A}$),使从机释放数据总线,以便主机发送一终止信号,从而结束数据传送。

4. 数据帧格式

对于在 I²C 总线上传送的数据信息(地址信息或数据信息),I²C 总线规定,在起始信号后必须传送一从机地址(7 位),第 8 位是数据传送的方向位($R/\overline{W}$),用"0"表示主机写入数据($\overline{W}$),用"1"表示主机读取数据(R);然后再以字节为单位向从机写入数据或读取数据,可以一次连续地读出或写入。主机向从机写入 n 字节的数据,其数据传送格式如下:

S	从机地址	0	A	字节 1	A	⋯	字节($n-1$)	A	字节 n	A/$\overline{A}$	P

其中,字节 1～字节 n 为主机写入从机的 n 字节数据。格式中的阴影部分表示主机向从机发送数据,无阴影部分表示从机向主机发送,以下同。上述格式中的"从机地址"为 7 位,紧跟其后的"1"或"0"表示主机的读/写方向,"1"为读,"0"为写。

主机读取来自从机的 n 字节。除第 1 个寻址字节由主机发出外,n 字节都由从机发送,其数据传送格式如下:

S	从机地址	1	A	字节 1	A	⋯	字节($n-1$)	A	字节 n	$\overline{A}$	P

其中,字节 1～字节 n 为从从机读取的 n 字节数据。主机发送终止信号前应发送非应答信号,向从机表明读操作要结束。

如果主机重复读取或写入同一个地址,则每次均需要寻址从机,其格式如下:

S	从机地址	0	A	数据	A/$\overline{A}$	S	从机地址	1	A	数据	$\overline{A}$	P

5. 寻址字节

I²C 总线规定 7 位从机地址和 1 位读/写控制位的格式如下:

器件地址				引脚地址			方　向
DA3	DA2	DA1	DA0	A2	A1	A0	R/$\overline{W}$

7 位从机地址为"DA3、DA2、DA1、DA0"和"A2、A1、A0",其中"DA3、DA2、DA1、DA0"为器件地址,即器件固有的地址编码,出厂时已给定;"A2、A1、A0"为引

脚地址,由器件引脚 A2、A1、A0 在电路中接高电平或接地决定。

综上所述,I²C 总线在时钟(SCL)作用下一位位地传输数据(SDA),每帧数据均为一字节,字节数没有限制,每传送一字节后,对方产生一个应答位;在时钟线为高电平期间,数据线的状态就是要传送的数据;时钟线为低电平期间可改变数据,时钟线为高电平时则完成数据传输。

12.2 STC8G 系列单片机的 I²C 总线结构

STC8G2K64S4 单片机内部集成了 1 个 I²C 串行总线控制器,其内部结构如图 12.5 所示。对于 SCL 和 SDA 的端口分配,STC8G 系列单片机提供了切换模式,可将 SCL 和 SDA 切换到不同的 I/O 口上,以便用户将一组 I²C 总线当作多组进行分时复用。

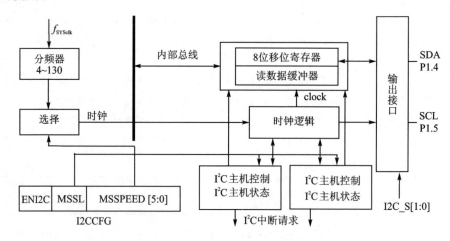

图 12.5 I²C 总线内部结构

STC8G 系列单片机的 I²C 总线提供两种操作模式:主机模式(SCL 为输出口,发出同步时钟信号)和从机模式(SCL 为输入口,接收同步时钟信号)。

与标准的 I²C 总线协议相比,STC8G 系列单片机忽略了如下两种机制:

- 发送起始信号(S)后不进行仲裁;
- 时钟信号(SCL)停留在低电平时不进行超时检测。

12.3 STC8G 系列单片机的 I²C 总线寄存器

STC8G2K64S4 单片机的 I²C 总线的寄存器包括 1 个配置寄存器,即 I²C 配置寄存器;3 个主机模式相关寄存器,即 I²C 主机控制寄存器、I²C 主机辅助控制寄存器、I²C 主机状态寄存器;3 个从机模式相关寄存器,即 I²C 从机控制寄存器、I²C 从机状态寄存器、I^{2}C 从机地址寄存器;2 个数据收发寄存器,即 I^{2}C 数据接收寄存器、I^{2}C 数据发送寄存器。

12.3.1　I^{2}C 配置寄存器 I2CCFG

配置寄存器 I2CCFG 主要用于对 I^{2}C 总线的主从模式和速度进行设置,其地址为 FE80H,各位的功能如下:

寄存器	B7	B6	B5	B4	B3	B2	B1	B0
I2CCFG	ENI2C	MSSL	MSSPEED[5:0]					

ENI2C:I^{2}C 功能使能控制位:

0:禁址 I^{2}C 功能;

1:使能 I^{2}C 功能。

MSSL:I^{2}C 工作模式选择位:

0:从机模式;

1:主机模式。

MSSPEED[5:0]:I^{2}C 总线速度控制位,速度公式为

$$I^2C 总线速度=(f_{osc}/2)/(MSSPEED\times2+4)$$

只有当 I^{2}C 工作在主机模式下才需要设置该寄存器。例如,当在 $f_{osc}=24$ MHz 的工作频率下需要 400 kb/s 的 I^{2}C 总线速度时,

$$MSSPEED=[(24\times10^6/2)/(400\times10^3)-4]/2=13$$

12.3.2　I^{2}C 主机控制寄存器 I2CMSCR

主机控制寄存器 I2CMSCR 的功能有主机模式中断使能与禁止功能,以及主机命令功能,其地址为 FE81H,各位的功能如下:

寄存器	B7	B6	B5	B4	B3	B2	B1	B0
I2CMSCR	EMSI	—	—	—	MSCMD[3:0]			

EMSI:主机模式中断使能与禁止控制位:

0:关闭主机模式中断;

1:允许主机模式中断。

MSCMD[3:0]:主机命令设置位:

0000:待机,无动作;

0001:发送起始命令;

0010:发送数据命令;

0011:接收应答命令 A;

0100:接收数据命令；

0101:发送应答命令 A；

0110:发送停止命令 STOP；

0111、1000:保留；

1001:发送起始命令＋发送数据命令＋接收应答命令 A；

1010:发送数据命令＋接收应答命令 A；

1011:接收数据命令＋发送应答命令 A；

1100:接收数据命令＋发送非应答命令 $\overline{A}$。

12.3.3 I²C 主机辅助控制寄存器 I2CMSAUX

主机辅助控制寄存器 I2CMSAUX 的功能是在主机模式时 I²C 数据自动发送允许位,其地址为 FE88H,各位的功能如下:

寄存器	B7	B6	B5	B4	B3	B2	B1	B0
I2CMSAUX	—	—	—	—	—	—	—	WDTA

WDTA:控制在主机模式下 I²C 数据自动发送允许位:

0:禁止自动发送。

1:使能自动发送。若自动发送被使能,则当单片机执行完 I2CTXD 数据寄存器的写操作后,I²C 主机控制寄存器会自动触发"1010"命令,即自动发送数据命令＋接收应答命令。

12.3.4 I²C 主机状态寄存器 I2CMSST

主机状态寄存器 I2CMSST 用于设置主机模式忙状态、主机模式中断请求标志和应答状态,其地址为 FE82H,各位的功能如下:

寄存器	B7	B6	B5	B4	B3	B2	B1	B0
I2CMSST	MSBUSY	MSIF	—	—	—	—	MSACKI	MSACKO

MSBUSY:主机模式下的 I²C 控制器状态标志位(只读):

0:控制器处于空闲状态;

1:控制器处于忙碌状态。

MSIF:主机模式下的中断请求位。当处于主机模式下,I²C 控制器执行完寄存器 I2CMSCR 中的 MSCMD 命令后产生中断信号,硬件自动将此位置 1,向 CPU 发中断请求。此位在响应中断后必须用软件清零。

MSACKI:在主机模式下接收到的应答信号。当发送"0011"命令到寄存器 I2CMSCR 的 MSCMD 位后,将接收到的应答信号存入此位。

MSACKO:在主机模式下,准备要发送出去的应答信号。当发送"0101"命令到寄存器 I2CMSCR 的 MSCMD 位后,控制器会自动读取此位当作应答信号而发送到 SDA 线上。

12.3.5　I²C 从机控制寄存器 I2CSLCR

从机控制寄存器 I2CSCLR 的功能都是针对从机的,包括接收到起始信号 S、接收到 1 字节、发送完 1 字节、接收到终止信号 P 的中断允许与禁止,以及从机复位,其地址为 FE83H,各位的功能如下:

寄存器	B7	B6	B5	B4	B3	B2	B1	B0
I2CSLCR	—	ESTAI	ERXI	ETXI	ESTOI	—		SLRST

ESTAI:从机模式下接收到 S 信号后的中断允许位:

0:禁止从机模式下接收到 S 信号后中断;

1:使能从机模式下接收到 S 信号后中断。

ERXI:从机模式下接收到 1 字节数据后的中断允许位:

0:禁止从机模式下接收到 1 字节数据后中断;

1:使能从机模式下接收到 1 字节数据后中断。

ETXI:从机模式下发送完 1 字节数据后的中断允许位:

0:禁止从机模式下发送完 1 字节数据后中断;

1:使能从机模式下发送完 1 字节数据后中断。

ESTOI:从机模式下接收到 P 信号后的中断允许位:

0:禁止从机模式下接收到 P 信号后中断;

1:使能从机模式下接收到 P 信号后中断。

SLRST:复位从机模式。

12.3.6　I²C 从机状态寄存器 I2CSLST

从机状态寄存器 I2CSLST 的功能有判断忙标志、4 个中断请求标志和 2 个应答标志,其地址为 FE84H,各位的功能如下:

寄存器	B7	B6	B5	B4	B3	B2	B1	B0
I2CSLST	SLBUSY	STAIF	RXIF	TXIF	STOIF	—	SLACKI	SLACKO

SLBUSY:从机模式下的 I²C 控制器状态标志位:

0:控制器处于空闲状态;

1:控制器处于忙碌状态。

STAIF:从机模式下接收到 S 信号后的中断请求位。

RXIF:从机模式下接收到 1 字节数据后的中断请求位。

TXIF:从机模式下发送完 1 字节数据后的中断请求位。

STOIF:从机模式下接收到 P 信号后的中断请求位。

SLACKI:从机模式下接收到的应答信号。

SLACKO:从机模式下准备要发送出去的应答信号。

12.3.7 I²C 从机地址寄存器 I2CSLADR

从机地址寄存器 I2CSLADR 的功能是设置从机的 7 位地址,其地址为 FE85H,各位的功能如下:

寄存器	B7	B6	B5	B4	B3	B2	B1	B0
I2CSLADR				I2CSLAD[7:1]				MA

I2CSLAD[7:1]:从机设备地址。

MA:从机设备地址比较控制位:

0:设备地址必须与 I2CSLAD[7:1]相同;

1:忽略 I2CSLAD[7:1]中的设备地址,接受所有的设备地址。

12.3.8 I²C 数据寄存器 I2CTXD/I2CRXD

数据寄存器 I2CTXD/I2CRXD 的功能是发送/接收数据,其地址为 FE86H/FE87H,各位的功能如下:

寄存器	B7	B6	B5	B4	B3	B2	B1	B0
I2CTXD				[7:0]				
I2CRXD				[7:0]				

I2CTXD:I²C 发送数据寄存器,存放将要发送的 I²C 数据。

I2CRXD:I²C 接收数据寄存器,存放接收完成的 I²C 数据。

12.3.9 I²C 中断相关寄存器

I²C 控制器的中断向量地址为 00C3H,中断编号为 24。

I²C 控制器的中断使能与禁止控制位:主机模式下设置 I2CMSCR.EMSI 位,从机模式下设置 I2CSLCR.ESTAI、I2CSLCR.ERXI、I2CSLCR.ETXI、I2CSLCR.ESTOI 位。

中断优先级设置:优先级寄存器 IP2H 中的第 6 位(PI2CH)和优先级寄存器 IP2 中的第 6 位(PI2C)构成最低、较低、较高和最高 4 个优先等级。

12.3.10　I²C 引脚切换寄存器

I²C 总线的引脚可以有 4 种不同的切换方式,可通过寄存器 P_SW2 的 B4、B5 位进行设计,各位的功能如下:

寄存器	B7	B6	B5	B4	B3	B2	B1	B0
P_SW2	EAXFR	—	I2C_S[1:0]		CMPO_S	S4_S	S3_S	S2_S

I2C_S[1:0]:I²C 功能引脚选择位,其定义如表 12.1 所列。

表 12.1　I²C 功能引脚选择位

I2C_S[1:0]	SCL	SDA
00	P1.5	P1.4
01	P2.5	P2.4
10	P7.7	P7.6
11	P3.2	P3.3

12.4　基于 I²C 总线的 AT24C02 的 IC 卡设计

基于 I²C 总线的 AT24C02 的 IC 卡设计,是利用 STC8G 系列单片机的 I²C 总线扩展 1 片 AT24C02 存储器,来实现对 AT24C02 存储器中的单片机数据进行写入或读出操作。下面将画出电路图,并设计程序代码。

12.4.1　分　析

AT24C02 是 Atmel 公司开发的具有 I²C 接口的 AT24Cxx 系列存储器芯片。该系列芯片包括 AT24C01/02/04/08/16 等型号,它们的封装形式、引脚及内部结构类似,只是容量不同,分别为 128 B/256 B/512 B/1 KB/2 KB。

AT24C02 的封装形式有双列直插式和贴片式,其引脚如图 12.6 所示,引脚功能如表 12.2 所列。AT24C02 的存储容量为 256 B,分为 32 页,每页 8 B。有芯片寻址和片内子地址寻址两种寻址方式。

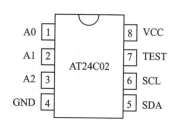

图 12.6　AT24C02 引脚图

表 12.2　AT24C02 芯片引脚功能

引脚号	名　称	功　能
1、2、3	A0、A1、A2	可编程地址输入端
4	GND	电源地
5	SDA	串行数据输入/输出端
6	SCL	串行时钟输入端
7	TEST	硬件写保护控制引脚,当 TEST = 0 时,正常进行读/写操作;当 TEST＝1 时,对部分存储区域只能读、不能写(写保护)
8	VCC	＋5 V 电源

(1) 芯片寻址

AT24C02 芯片的地址固定为"1010",是 I^2C 总线器件的特征编码,其地址控制字的格式为"1010 A2A1A0 R/$\overline{W}$"。A2、A1、A0 引脚接高、低电平后得到确定的 3 位编码,与"1010"形成 7 位编码,即为该器件的地址码。由于 A2、A1、A0 共有 8 种组合,故系统最多可外接 8 片 AT24C02。R/$\overline{W}$ 是对芯片的读/写控制位。

(2) 片内子地址寻址

在确定了 AT24C02 芯片的 7 位地址码后,片内的存储空间可用 1 字节的地址码进行寻址,寻址范围为 00H~FFH,即可对片内的 256 个单元进行读/写操作。

12.4.2　硬件电路设计

硬件电路如图 12.7 所示。电源 VCC 接 3.3 V 稳压电源;SCK 时钟端与单片机的 P1.5 引脚相连,SDA 串行数据端与单片机的 P1.4 引脚相连;由于只有一个芯片,所以地址 A0、A1、A2 端接地,芯片地址为 1010000。

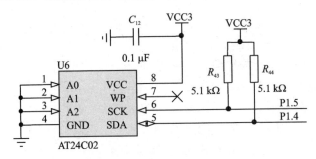

图 12.7　AT24C02 硬件连接图

12.4.3　程序设计

程序代码分别编写发送起始命令程序、发送停止命令程序、发送 1 字节数据程

序、读出 1 字节数据程序,以及利用 I²C 中断来实现对设备的忙状态进行判断。参考
程序代码如下:

```
#include "STC8G.H"
sbit SDA = P1^4;
sbit SCL = P1^5;
bit busy;                    //判断忙标志位
/ ***********************************************
函数名称:void I2C_Isr() interrupt 24
输入参数:无
输出参数:无
说    明:通过 I²C 中断判断主机是否忙
*********************************************** /
void I2C_Isr() interrupt 24
{
    _push_(P_SW2);
    P_SW2 |= 0x80;
    if (I2CMSST & 0x40)
    {
        I2CMSST &= ~0x40;                    //清除中断标志
        busy = 0;
    }
    _pop_(P_SW2);
}
/ ***********************************************
函数名称:void Start()
输入参数:无
输出参数:无
说    明:主机发送起始命令
*********************************************** /
void Start()
{
    busy = 1;
    I2CMSCR = 0x81;                          //发送起始命令
    while (busy);
}
/ ***********************************************
函数名称:void SendData(char dat)
输入参数:dat,待写入的数据
输出参数:无
说    明:主机向从机发送数据(包括数据或地址)
*********************************************** /
void SendData(char dat)
{
```

```
    I2CTXD = dat;                      //写数据到数据缓冲区
    busy = 1;
    I2CMSCR = 0x82;                    //发送数据命令
    while (busy);
}
```

/ ***

函数名称:void RecvACK()

输入参数:无

输出参数:无

说　　明:发送读应答命令,通过中断读取并修改 busy = 0

** /

```
void RecvACK()
{
    busy = 1;
    I2CMSCR = 0x83;                    //发送读应答命令
    while (busy);
}
```

/ ***

函数名称:char RecvData()

输入参数:无

输出参数:返回接收寄存器 I2CRXD 中的数据

说　　明:发送 1000 0100 接收数据命令

** /

```
char RecvData()
{
    busy = 1;
    I2CMSCR = 0x84;                    //发送接收数据命令
    while (busy);
    return I2CRXD;
}
```

/ ***

函数名称:void SendACK()

输入参数:无

输出参数:无

说　　明:发送应答命令

** /

```
void SendACK()
{
    I2CMSST = 0x00;                    //设置应答信号
    busy = 1;
    I2CMSCR = 0x85;                    //发送应答命令
```

```
        while(busy);
}
/ ***********************************************************
函数名称:void SendNAK()
输入参数:无
输出参数:无
说    明:发送非应答命令
 *********************************************************** /
void SendNAK()
{
    I2CMSST = 0x01;              //设置非应答信号
    busy = 1;
    I2CMSCR = 0x85;             //发送应答命令
    while(busy);
}
/ ***********************************************************
函数名称:void Stop()
输入参数:无
输出参数:无
说    明:发送停止命令
 *********************************************************** /
void Stop()
{
    busy = 1;
    I2CMSCR = 0x86;            //发送停止命令
    while(busy);
}
/ ***********************************************************
函数名称:void IIC_Init()
输入参数:无
输出参数:无
说    明:设置为主机模式,开启总中断
 *********************************************************** /
void IIC_Init()
{
    I2CCFG = 0xE0;              //使能 I2C 主机模式
    I2CMSST = 0x00;
    EA = 1;
}
/ ***********************************************************
函数名称:void Send_24c02(char addr,char * dat,char len)
```

输入参数:addr:片内地址(00~FF);＊dat:数据;len:长度小于8
输出参数:无
说　　明:可以写一个数据,也可以写不超过一页的数据
```
     ************************************************************/
void Send_24c02(char addr,char ＊dat,char len)
{
    unsigned char i;
    Start();                        //发送起始命令
    SendData(0xA0);                 //发送设备地址＋写命令
    RecvACK();
    SendData(addr);                 //发送存储地址字节
    RecvACK();
    for(i = 0;i＜len;i ++)
    {
        SendData( ＊ dat);            //发送数据命令
        RecvACK();
        dat ++;
    }
    Stop();                         //发送停止命令
}

/ ************************************************************
函数名称:void SendByte_24c02(char addr)
输入参数:addr:片内地址(00~FF)
输出参数:无
说　　明:接收一字节
     ************************************************************/
unsigned char RecvByte_24c02(char addr)
{
    unsigned char i;
    Start();                        //发送起始命令
    SendData(0xA0);                 //发送设备地址＋写命令
    RecvACK();
    SendData(addr);                 //发送存储地址字节
    RecvACK();
    Start();                        //发送起始命令
    SendData(0xA1);                 //发送设备地址＋读命令
    RecvACK();
    i = RecvData();                 //读取数据
    SendNAK();
    Stop();                         //发送停止命令
    return i;
}
```

```
/ ***********************************************************
函数名称:void main()
输入参数:无
输出参数:无
说　　明:向 AT24C02 写数据,再读取数据
*********************************************************** /
void main()
{
    unsigned char buf[] = {0x0B,0x0C};
    P_SW2 = 0x80;                    //访问扩展 RAM 区的特殊功能寄存器 EAXFR
    IIC_Init();
    Send_24c02(0x00,buf,2);
    P1 = RecvByte_24c02(0x01);
    P_SW2 = 0x00;
    while (1);
}
```

本章小结

　　带有 I^{2}C 接口的单片机可直接与 I^{2}C 总线接口的各种扩展器件(如存储器、I/O 芯片、A/D、D/A、键盘、显示器、日历/时钟)连接。由于 I^{2}C 总线采用纯软件寻址方式,无须片选线连接,故大大简化了总线数量。I^{2}C 串行总线只有两条信号线,一条是数据线 SDA,另一条是时钟线 SCL。I^{2}C 总线的规范是:起始信号表明一次数据传送的开始,其后为寻址字节;在寻址字节后是要读/写的数据字节和应答位;在数据传送完成后,主机都必须发送终止信号。

　　STC8G 系列单片机内部的 I^{2}C 总线接口有主机模式和从机模式两种操作模式。主机模式的传输速率可调节,对应时钟数为 4 分频～130 分频。STC8G 系列单片机的 I^{2}C 总线接口的内部核心电路是一个 8 位移位寄存器和数据缓冲器,数据可同时发送和接收。在数据传输过程中,发送和接收的数据均存储在数据缓冲器中。

　　STC8G 系列单片机的 I^{2}C 总线寄存器有配置寄存器 I2CCFG、主机控制寄存器 I2CMSCR、主机状态寄存器 I2CMSST、主机辅助控制寄存器 I2CMSAUX、从机控制寄存器 I2CSLCR、从机状态寄存器 I2CSLST、从机地址寄存器 I2CSLADR、数据发送寄存器 I2CTXD 和数据接收寄存器 I2CRXD。

本章习题

一、填空题

1. I²C 总线接口有两条信号线，分别是_____和_____。

2. I²C 总线规定总线上的数据信号传送由_____开始，由_____结束。

3. I²C 总线规定每一个被传送的字节后面都必须跟随 1 位_____。

4. STC8G 系列单片机内部的 I²C 总线接口有_____和_____两种操作模式。

5. AT24C02 芯片的地址固定为_____。

二、选择题

1. 当 I²C 的配置寄存器 I2CCFG＝0x80 时，时钟频率为_____。

A. $f_{SYSclk}/4$ B. $f_{SYSclk}/8$ C. $f_{SYSclk}/16$ D. $f_{SYSclk}/32$

2. 当 I²C 的主机控制寄存器 I2CMSCR＝0x01 时，功能是_____。

A. 发送起始命令   B. 发送数据命令   C. 接收数据命令   D. 不确定

3. 当 I²C 的主机状态寄存器 I2CMSST＝0x80 时，说明主机为_____状态。

A. 空闲   B. 忙   C. 停止   D. 不确定

三、判断题

1. STC8G 系列单片机内部的 I²C 接口是一种同步串行外设接口。（   ）

2. STC8G 系列单片机内部的 I²C 接口也可以用于异步串行通信。（   ）

3. I²C 总线的操作模式有主机模式和从机模式。（   ）

4. I²C 总线的时钟信号是由从机提供的。（   ）

四、简答题

1. 简述 STC8G 系列单片机的 I²C 总线接口的应用开发步骤。

2. 请用 STC8G 系列单片机的 I²C 总线接口和时钟芯片 PCF8563 设计一个数字时钟，要求能通过显示器或串口显示年、月、日、时、分、秒，请设计电路和编写程序。

第13章 直流电机驱动系统开发设计

教学目标

【知识】

（1）掌握单片机应用系统的开发流程、步骤和开发方法。

（2）掌握单片机应用系统的硬件和软件抗干扰技术，以及单片机应用中的数字滤波技术。

（3）掌握单片机应用系统的组成结构、硬件设计和应用程序的总体框架。

【能力】

（1）具有对单片机应用系统方案及软、硬件进行设计的能力。

（2）具有对单片机应用系统的可靠性和数字滤波进行设计的能力。

13.1 单片机应用系统的开发流程

单片机应用系统的开发包括单片机及其外围电路的硬件电路设计和软件程序设计，其开发一般分为4个流程：需求分析、概要设计、详细设计和系统测试。

13.1.1 需求分析

根据用户的任务要求，对项目进行全面的需求分析，这是整个应用系统开发的关键。需求包括功能性需求（如测量、控制、人机交互、通信等）、性能指标需求（如测量精度、控制精度等）、工作环境需求（如环境温湿度、大气压强、尺寸大小等）、材料需求和成本需求等。通常这个过程需要大量的调查了解，深入与用户沟通。通过详细的分析，整理出需求报告，为项目的后续设计提供可靠的依据。

13.1.2 概要设计

概要设计也即单片机应用系统方案设计。方案设计的主要依据是前期的需求分析，内容包括系统的硬件电路设计、软件设计、系统调测和开发环境等。

硬件设计一般需要画出设计框图，要求设计的电路必须能够完成系统的要求、保证可靠性和节能环保等。第一，要选择合适的单片机芯片和相关的元器件，要做到功能和性能满足设计要求,使性价比最高。第二,结构原理要熟悉,以缩短开发周期。第三,要考虑软、硬件协同设计,相互配合。

软件设计一般需要分解任务、确定关键算法、绘制流程图。第一,根据任务要求,结合硬件来分解各个功能软件。第二,确定软件中的关键算法,以及实现的方法。第三,绘制总流程图和各模块软件的流程图。

系统调测一般需要搭建测试环境。第一,搭建元器件性能测试环境,挑选性能优良的元器件。第二,搭建系统功能测试环境,对任务需求中的功能进行全面测试。第三,进行系统老化测试等。

开发环境一般指可完成单片机应用系统设计所需要的软、硬件开发工具。这些开发工具的选择要确保安全、可靠、高效,且具有可持续性,便于维护和升级。

13.1.3　详细设计

在概要设计的基础上,开发者需要进行硬件电路和软件系统的详细设计。

硬件电路设计有单片机电路设计和外围电路设计。单片机电路包括电源电路、复位电路和时钟电路等。外围电路一般根据实际需要主要有传感器数据采集电路、控制电路、功率驱动电路、人机交互电路和通信电路等。这些电路要对元器件参数和电路原理进行详细设计,一般还应包括电路仿真及单元电路测试。

在软件系统的详细设计中,不仅要描述实现具体模块所涉及的主要算法、数据结构、类的层次结构及调用的关系,还要说明软件系统各个层次中每一个程序(每个模块或子程序)的设计考虑,以便进行代码编写和测试。应当保证软件的需求完全分配给整个软件。详细设计应当足够详细,要能够根据详细设计报告进行编码。

13.1.4　系统测试

单片机应用系统测试指目标系统的软件在硬件上实际运行,将软件和硬件联合起来进行测试,进而验证系统的正确性和可靠性。一般需要根据需求列出测试内容、选用测试仪器仪表、设计测试步骤、撰写测试报告。通过测试来检验系统功能是否完整、是否有不可预料的错误、是否满足系统的精度等,以便做进一步修改,以达到用户的需求。

13.2　单片机应用系统的可靠性设计

随着单片机应用系统的广泛应用,单片机系统的可靠性越来越受到人们的重视,它由多种因素决定,单片机应用系统本身的抗干扰性能是影响系统可靠性的重要因素。对于单片机系统而言,干扰因素一是来源于系统外部环境电气设备产生的干扰,通过传导和辐射等途径影响单片机系统正常工作;二是来源于系统内部,由元器件、电源、电路板工艺等在工作时产生干扰,通过电源线、信号线、分布电容等传输。在单片机应用系统中,通常采用硬件和软件的办法来提高抗干扰能力。

13.2.1　硬件抗干扰

1. 选择抗干扰能力强的元器件

在单片机芯片的选择上,一般选择抗干扰能力较强的单片机,以降低单片机内部产生的噪声;在满足应用项目要求的前提下,尽量降低单片机芯片的工作频率。其他元器件的选择尽量选用工业级的元器件,以减小元器件本身对电路系统的影响。

2. 抑制电源纹波干扰

在线性稳压电源的场合,采用低通滤波技术尽量降低电源纹波电压;在单片机的电源引脚增加退耦电容,以降低电网干扰和各电路之间通过电源线相互干扰。

3. 降低传输线路干扰

降低传输线路干扰的方式有采用屏蔽线传输和隔离技术传输。如长距离传输信息宜采用双绞线或同轴电缆屏蔽线传输,一些短距离的开关量常采用光耦合器来实现传感器与输入通道、I/O 接口及内部电路的隔离。在对被传输的模拟信号进行隔离时,宜选用线性光耦合器。另外,还可采用变压器隔离和继电器隔离等技术。

4. 提高电路板走线与制板工艺

在进行单片机应用系统的印制电路板设计时,必须遵守印制电路设计的一般原则,并应符合抗干扰设计的要求。

(1) 关于元件排列

相互有关的器件要靠近放置,如单片机时钟发生器中的电容、晶振和时钟输入端要相互靠近;复位电路、硬件看门狗电路要尽量靠近 CPU 相应引脚;易产生噪声的器件、大电流电路等应尽量远离逻辑电路;外围 I/O 驱动器件、功率放大器件尽量靠近印制板的边缘或靠近引出接插件。

(2) 关于印制电路板布线

印制电路板要根据电路信号的形式合理分区,如模拟电路区、数字电路区、功率驱动区要尽量分开;元件面和焊接面应采用相互垂直、斜交、弯曲走线的形式,避免相互平行以减小寄生耦合,避免相邻导线平行段过长,应加大信号线的间距;高频电路互联导线应尽量短,使用 45°或圆弧折线布线,以减小高频信号的辐射。

(3) 关于电源和地线

电路中的地线、电源线要尽量粗。时钟振荡电路、高频电路要考虑屏蔽,以减小电磁干扰。单片机的电源引脚在布线时要增加去耦电容,一般选用高频特性好的独石电容或瓷片电容,在焊接时引脚要尽量短。

(4) 关于隔离

当涉及单片机控制大功率器件场合时,应尽量采用隔离技术,如光电耦合技术、变压器耦合技术、继电器等。

5. 模拟滤波技术抗干扰

滤波是从混有干扰或噪声的信号中获取有用信号的方法,常见的模拟滤波器主要有无源滤波器和有源滤波器。

(1) 无源滤波器

无源滤波器是由 R、L、C 元件构成的。根据干扰信号的特点,可选低通滤波器、高通滤波器、带通滤波器和带阻滤波器等类型。例如,对于 50 Hz 的电磁场干扰,可在测控系统输入端加一级双 T 滤波器。

(2) 有源滤波器

有源滤波器是由有源器件(如晶体管、运算放大器)、R、C 等元件构成的滤波器。与单纯使用的无源滤波器相比,能省去体积庞大的电感元件,便于实现小型化、集成化。有源滤波器适用于较低频率的滤波。

13.2.2 软件抗干扰

要想使整个单片机应用系统具有较高的可靠性,除了要尽可能提高硬件的可靠性外,软件的可靠性设计也必不可少,必须从设计、测试及长期使用等方面来解决软件可靠性的问题。单片机软件抗干扰的主要方法有指令冗余、软件"陷阱"、软件"看门狗"等。

1. 指令冗余抗干扰技术

指令冗余抗干扰技术指在程序的关键位置人为插入一些单字节指令,或将有效单字节指令重写。CPU 取指令的过程是先取操作码,再取操作数,当程序失控后,会将操作数当作操作码执行。指令冗余的目的是使 CPU 不再将操作数当作操作码错误地执行。如 51 系列单片机中通常是在双字节指令和三字节指令后插入两字节以上的 NOP 指令。

2. 软件"陷阱"抗干扰技术

软件"陷阱"抗干扰技术指在程序存储器的未使用区域或程序的数据表结尾处均匀地填入几条空操作指令和跳转指令(跳转到程序存储器的起始地址或程序异常处理程序),其格式如下:

```
NOP
NOP
LJMP    ERROR
```

ERROR 是程序错误执行处理程序。如果程序正常执行,就永远也执行不到软件陷阱部分,只有在程序跑飞到陷阱里时,软件陷阱才会立刻将程序跳转到正常轨道。

3. 软件"看门狗"抗干扰技术

软件"看门狗"抗干扰技术就是不断检测程序的循环运行时间,若发现循环运行时间超过最大循环运行时间,则认为系统陷入了"死循环",这时就需要进行出错处理。在单片机中,通常是用"看门狗"定时器来实现"看门狗"抗干扰技术的,其方法是设置好定时器的初值,在程序的适当位置重置初值,不让定时器计满溢出;如果程序失控,定时器就会计满溢出,使单片机重新复位执行正确的程序。如,STC8G 系列单片机的 WDT 即为看门狗定时器。

4. 其他抗干扰技术

在单片机的实际应用中,还有加权平均抗干扰技术;对于严重的干扰信号,可采用重复采样加权平均的办法进行抗干扰。如果在刷新输出端口时受到严重干扰,则输出端口的状态也可能因干扰而改变,在程序执行过程中适时根据相关程序模块的运算结果刷新输出端口,可以排除干扰对输出端口状态的影响,使错误的输出状态及时得到纠正。

13.3　单片机应用系统的数字滤波技术

在单片机的应用系统中,为了提高对数据的采集和设备的精确控制,通常在软件系统中使用一些数字滤波算法,如程序判断滤波算法、数字低通滤波算法、算术平均值滤波算法、中位值平均滤波算法、防脉冲干扰平均值滤波算法、消抖滤波算法、位值滤波算法等;信息通信中的信息校验采用累加和校验及奇偶校验算法、CRC16 校验算法等。

1. 程序判断滤波算法

程序判断滤波算法主要用于一些测控软件中,是通过采用限幅滤波来实现的。它是将测得的相邻两次的相近数值相减,若该值小于或等于设定值 ΔP,则表示正常;反之,则表示所加负荷过大,其算法是

$$P = \begin{cases} P(n), & |P(n) - P(n-1)| \leqslant \Delta P \\ P(n-1), & |P(n) - P(n-1)| > \Delta P \end{cases} \tag{13.1}$$

式中，n 表示采样次数，$P(n)$ 表示第 n 次采样的功率值，$P(n-1)$ 表示前一次采样的功率值。

2. 数字低通滤波算法

在获取传感器数据的应用项目中，常采用数字低通滤波算法和算数平均值滤波算法对测量值进行滤波，以滤掉高频干扰信号。

低通滤波的算法表达式为

$$H_n = a \times I_n + (1-a)H_{n-1} \tag{13.2}$$

式中，I_n 为本次采样值，H_n 为本次滤波输出值，H_{n-1} 为上一次滤波输出值，a 为滤波系数（通常该值较小）。由式(13.2)可知，本次的输出值取决于上一次的滤波输出值。例如，电源电路中主要是 50 Hz 的工频信号，若设置为 50 Hz 频率的低通滤波器，则可滤除干扰信号。

3. 算术平均值滤波算法

算术平均值滤波就是将连续的 n 次采样值累加求和，再作平均，以消除随机干扰信号，其表达式为

$$H_n = \frac{1}{n} \times \sum_{1}^{n} I_n \tag{13.3}$$

式中，I_n 表示本次输入值，H_n 表示本次算术平均值滤波后的值。

4. 中位值平均滤波

中位值平均滤波算法是采集 n 个值（n 一般取 3～14），去掉最大值和最小值，然后计算 $n-2$ 个值的平均值，从而得到平均值的一种方法。

5. 防脉冲干扰平均值滤波算法

防脉冲干扰平均值滤波算法是先进行中位值平均滤波去掉脉冲干扰，再进行算术平均值滤波。算法首先将采样值 I_1～I_n 由小到大排序，即 $I_1 < I_2 < I_3 < \cdots < I_n$，再通过中位值平均滤波去掉脉冲干扰，然后按照如下公式将中值再求平均得到平均值 $\bar{H}$，即

$$\bar{H} = \frac{1}{n-2} \times \sum_{2}^{n-1} I_n \tag{13.4}$$

6. 消抖滤波算法

设置一个滤波计数器，将采样值与当前有效值比较，若采样值等于当前有效值，则计数器清 0；若采样值不等于当前有效值，则计数器加 1。若计数器溢出，则用采样值替换当前有效值，计数器清 0。消抖滤波适用于变化慢的信号，其滤波效果好。

7. 位值滤波算法

位值滤波算法是对信号连续采样 n 次,对采样数据按大小排列,然后再取中间值作为本次有效值。该滤波算法克服了波动干扰,对温度等变化缓慢的被测参数有良好的滤波效果,对速度等快速变化的被测参数不适合。

8. 累加和校验及奇偶校验算法

在一些数据通信应用场合(如 DL/T645—2007 规约),要求对通信数据中的一帧数据进行累加和校验,对字节数据进行偶校验。

累加和校验的方法是将一帧数据累加求和,然后除以 FFH 取余即为校验码,算法为

$$CS = FFH - \frac{1}{FFH} \times \sum_{1}^{n} D_n \tag{13.5}$$

式中,D_n 为一帧数据中每个字节的数值,CS 为校验码值。

偶校验的方法是将字节的 8 位数据依次"异或",得到的结果即为偶校验码;取反则为奇校验码。偶校验的算法为

$$CS = Bit_0 \oplus Bit_1 \oplus Bit_2 \oplus Bit_3 \oplus Bit_4 \oplus Bit_5 \oplus Bit_6 \oplus Bit_7 \tag{13.6}$$

9. CRC16 校验算法

在 RS - 485 通信、SPI 通信和 TCP 通信等应用中,常需要采用 CRC 校验算法,包括 CRC8、CRC16、CRC32。以 CRC16 校验算法为例,其算法是:设被校验信息的多项式为 $C(x)$,CRC16 算法生成的多项式为 $G(x) = x^{16} + x^{15} + x^2 + 1$,将 $C(x)$ 左移 16 位,可表示为 $C(x) \times 2^{16}$,这样 $C(x)$ 的右边就会空出 16 位,这就是校验码的位置。用 $C(x) \times 2^{16}$ 除以生成的多项式 $G(x)$,得到的余数就是校验码。

13.4　单片机应用系统的组成结构

单片机应用系统通常是由硬件和软件组成的,其中硬件包括单片机、外围硬件设备;软件主要包括应用软件或实时操作系统,如图 13.1 所示。

外围硬件设备由输入部分和输出部分构成。其中输入部分主要实现对信号的采集,主要由传感器的前向通道接口、人机交互的交互通道接口和与外部通信的信息通道接口组成,例如,温湿度传感器、键盘、RS - 485 通信、CAN 通信、A/D 转换器、其他逻辑接口芯片;输出部分主要实现控制,由控制对象、伺服驱动的后向通道接口等构成,例如,D/A 转换器、显示器、打印机、电动机驱动、继电器驱动、声光驱动等。

单片机应用软件包括单片机片内资源的初始化程序,各模块的寄存器配置和应用程序,对单片机外围硬件输入部分的数据采集程序,对单片机输出部分的控制程序,人

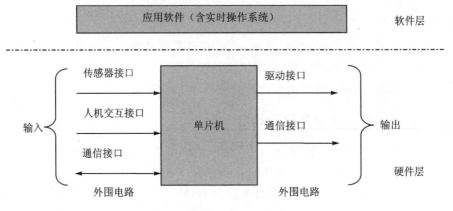

图 13.1　单片机应用系统组成结构图

机交互程序,数据通信程序,以及针对应用系统的一些特殊算法等。在现代电子技术中,由于应用系统的任务量大、实时性高,因此通常还引用了实时操作系统(RTOS)。

13.5　直流电机驱动系统设计

13.5.1　直流电机驱动系统任务要求

任务:利用单片机、场效应管、光电编码器和数字逻辑器件设计一个直流电机驱动控制系统。

要求:

① 用单片机产生控制电机转速的 PWM 信号,并可进行调节。

② 用光电编码器检测直流电机的转速。

③ 能通过 LED 显示器实时显示转速。

④ 通过串行通信接口发送数据来改变直流电机的转速。

13.5.2　直流电机驱动系统方案设计

直流电机是能将直流电能转换为机械能的电动装置,其结构由定子和转子两大部分组成。直流电机运行时静止不动的部分称为定子,定子的主要作用是产生磁场,由机座、主磁极、换向极、端盖、轴承和电刷装置等组成。直流电机运行时转动的部分称为转子,其主要作用是产生电磁转矩和感应电动势,是直流电机进行能量转换的枢纽,所以通常又称为电枢,由转轴、电枢铁心、电枢绕组、换向器和风扇等组成。直流电机广泛应用在机械运动系统中。

直流电机旋转磁场能量的大小由加在电刷两端的直流电源功率的大小决定,应用中一般采用驱动控制系统实现对电机转速的控制。驱动控制系统以微控制器作为控制核心,处理来自反馈环节的输入信号,由控制程序控制 PWM 输出驱动直流电机模块,实现对直流电机的调速。

　　直流电机驱动系统由单片机、直流电机、PWM 功放、转速监测和显示电路组成。系统方案如图 13.2 所示。

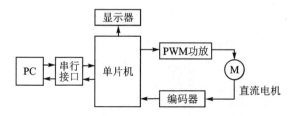

图 13.2　直流电机驱动系统的方案图

13.5.3　直流电机驱动系统硬件设计

　　直流电机驱动系统的硬件主要由 PWM 功放电路、转速监测电路、显示电路和串行接口电路组成。

　　PWM 功放由芯片 L298P 构成,实现电机驱动。L298P 内部集成了两路直流电机驱动电路,其逻辑功能如表 13.1 所列。芯片的 VSS 引脚为逻辑电源端,VS 引脚为内部 H 桥电源端;第一路驱动正反转的控制端为 IN1、IN2,PWM 控制端为 ENA,输出端为 OUT1、OUT2;第二路驱动正反转的控制端为 IN3、IN4,PWM 控制端为 ENB,输出端为 OUT3、OUT4。本例的电路连接如图 13.3 所示,IN1 与 P1.6 相连,IN2 与 P1.7 相连,ENA 连接 P1.1(PWM 输出端),OUT1 和 OUT2 分别接电机。

表 13.1　L298P 芯片逻辑功能表

输　　入		功　　能
ENA＝H ENB＝H	IN1＝H,IN2＝L,IN3＝H,IN4＝L	电机正转
	IN1＝L,IN2＝H,IN3＝L,IN4＝H	电机反转
	IN1＝IN2,IN3＝IN4	电机停止
ENA＝L ENB＝L	IN1＝X,IN2＝X,IN3＝X,IN4＝X	电机停止

　　电机的转速采用光电传感器测量,光电传感器通常使用红外线发射器和接收器来判断是否有物体遮挡,其类型有直射式、反射式或投射式。直射式光电传感器由开孔码盘、光源、光敏元件和缝隙板等组成。开孔码盘的输入轴与被测轴相连,光源发出的光通过开孔码盘和缝隙板照射到光敏元件上被光敏元件接收后,将光信号转为电信号输出,开孔码盘旋转一周,光敏元件所输出的电脉冲个数就等于码盘的开孔

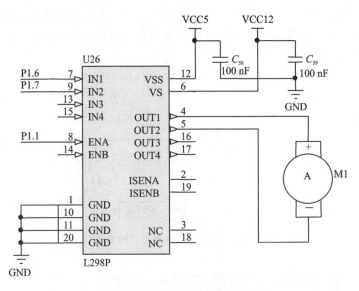

图 13.3　PWM 功放电路图

数。因此,可通过测量光敏元件输出的脉冲频率来得知被测转速。本例采用 4 线开孔码盘,转速测量电路如图 13.4 所示,开孔码盘装在电机转轴上,光电传感器采用槽型光耦,开孔码盘在槽型中转动。图中光耦输出的脉冲通过 LM393AD 比较器调整后连接到单片机 PCA 模块的输入捕获引脚 P1.0 上。

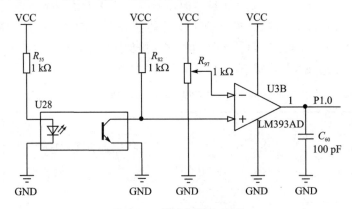

图 13.4　转速测量电路图

转速显示电路如图 13.5 所示,采用 LED 动态扫描显示电路。图中 LED 的位选线连接到单片机的 P2.0 和 P2.1 引脚上,段选线连接到单片机的 P0 端口。

通信接口采用单片机的 UART 接口与 PC 的 USB 口相连,采用串口转 USB 接口的方式实现连接,其电路如图 13.6 所示,电路用 CH340 芯片,其中 2、3 引脚分别接到单片机的 P3.0 和 P3.1 引脚上;5、6 引脚接到 PC 的 USB 接口。

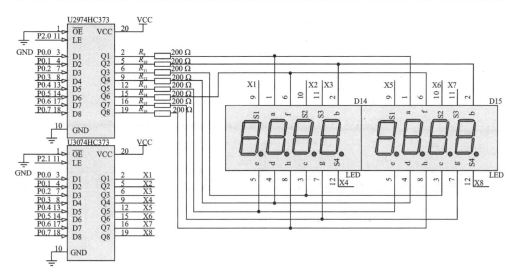

图 13.5　转速显示电路图

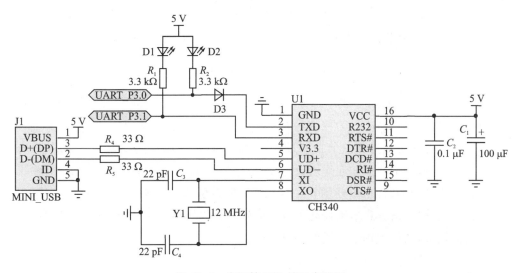

图 13.6　串口转 USB 接口电路图

13.5.4　直流电机驱动系统软件设计

软件部分主要包括电机转速 PID 调节程序、PWM 驱动程序、串口通信程序和显示程序等。其中电机驱动由 STC8G2K64S4 单片机的 PCA 模块 0 通过 P1.1 引脚产生 1 路 PWM 信号实现控制；电机的转速测定由 PCA 模块 1 的捕获功能通过 P1.0 引脚来实现；单片机的串行通信接口的串口 1 与 PC 通信；LED 显示器通过动态扫描显示实际转速。

1. 电机转速 PID 调节程序设计

电机的转速通过 PID 调节程序实现稳定调节,PID 算法结构如图 13.7 所示。PID 调节通过误差信号来控制被控量,而控制本身即是比例、积分、微分三个环节的加和。输入量 Xin(t)为电机转速预定值,输出量 Xout(t)为电机转速实际值,偏差量为 err(t)=Xin(t)−Xout(t);传感器为光电码盘,码盘为 4 线。

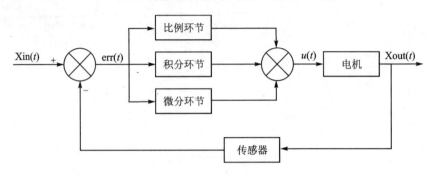

图 13.7 PID 算法结构图

PID 调节的数学表达式为

$$u(t) = k_{p} \times err(t) + \frac{1}{T} \cdot \int err(t) dt + \frac{T_{D} d\, err(t)}{dt} \tag{13.7}$$

式中,k_p 表示比例增益,T 表示积分时间常数,T_D 表示微分时间常数,err(t)表示给定值与测量值的偏差,$u(t)$ 为控制量。

PID 控制其实是对偏差的控制过程,如果偏差为 0,则比例环节不起作用,只有在存在偏差时,比例环节才起作用;积分环节主要用来消除静差,即系统稳定后输出值与设定值之间的差值,积分环节实际上就是把累积的误差加到原有系统上以抵消系统造成的静差;微分环节则反映了偏差信号的变化趋势,根据偏差信号的变化趋势进行超前调节,从而增加了系统的快速反应能力。

PID 的离散化表达式为

$$u(k) = k_{p} err(k) + k_{i} \sum err(j) + k_{d}[err(k) - err(k-1)] \tag{13.8}$$

式中的偏差 err(k)=Xin(k)−Xout(k),在积分环节则采用加和的形式表示,即 err(k)+err(k+1)+…,在微分环节则采用斜率的形式表示,即[err(k)−err(k−1)]/T。本例中采用的增量式 PID 算法为

$$\Delta u(k) = k_{p}[err(k) - err(k-1)] + k_{i} err(k) + k_{d}[err(k) -$$
$$2err(k-1) + err(k-2)] \tag{13.9}$$

由于增量式的表达结果与最近三次的偏差有关,因此大大提高了系统的稳定性。最终的输出结果应该为 $u(k+1)+\Delta u(k)$。

增量式 PID 算法的程序代码如下：

```
/ ***********************************************************
struct pid{
    float   SetSpeed;                 //定义设定值
    float   ActualSpeed;              //定义实际值
    float   err;                      //定义偏差值
    float   err_next;                 //定义下一个偏差值
    float   err_last;                 //定义上一个偏差值
    float   Kp,Ki,Kd;                 //定义比例、积分、微分系数
};
xdata struct pid xpid;
/ ***********************************************************
函数名称:void PID_init()
输入参数:无
输出参数:无
说      明:初始化 PID 各参数
*********************************************************** /
void PID_init()
{
    xpid.SetSpeed = 0.0;
    xpid.ActualSpeed = 0.0;
    xpid.err = 0.0;
    xpid.err_last = 0.0;
    xpid.err_next = 0.0;
    xpid.Kp = 0.2;
    xpid.Ki = 0.015;
    xpid.Kd = 0.2;
}
/ ***********************************************************
函数名称:float PID_realize(int speed)
输入参数:speed,设置速度值
输出参数:ActualSpeed,调节速度
说      明:PID 算法程序
*********************************************************** /
float PID_realize(int speed)
{
    float incrementSpeed;
    xpid.SetSpeed = speed;
    xpid.err = xpid.SetSpeed - xpid.ActualSpeed;
    incrementSpeed = xpid.Kp * (xpid.err - xpid.err_next) + xpid.Ki * xpid.err +
                     xpid.Kd * (xpid.err - 2 * xpid.err_next + xpid.err_
                     last);
    xpid.ActualSpeed + = incrementSpeed;
    xpid.err_last = xpid.err_next;
    xpid.err_next = xpid.err;
    return xpid.ActualSpeed;
}
```

2. PWM 驱动程序设计

STC8G 系列单片机的 PCA 模块 0 产生 PWM 信号,通过 L298P 功率放大后驱动电机旋转,当 P1.6＝1,P1.7＝0 时电机正转;当 P1.6＝0,P1.7＝1 时电机反转。单片机的系统时钟频率为 11.059 2 MHz,将 PWM 信号频率设置为 2 kHz,将 PCA 模块的时钟设置为 12 分频,从而可计算出计数次数为 250,也即应配置 PCA 模块的定时器计数值为 CH｜CL＝0x06;同时设置初始占空比为 50%,则 CCAP0H｜CCAP0L＝125。电机正转时的 PWM 初始化程序代码如下:

```
/ ********************************************************
函数名称:void PWM_Init( )
输入参数:无
输出参数:无
说    明:用 PCA 模块 0 产生 PWM 信号,驱动电机转动
******************************************************** /
void PWM_Init( )
{
    CMOD = 0x00;            //设置 PCA 计数时钟源为 fsysclk/12
    CH = 0x06;              //设置 PCA 计数初值
    CL = 0x06;
    CCAPM0 = 0x42;          //设置 PCA 模块 0 为 PWM 功能(0100 0010)
    CCAP0L = 125;           //设定 PWM 的脉冲宽度
    CCAP0H = 125;           //与 CCAP0L 相同,保存 PWM 的脉冲宽度参数
    CR = 1;                 //启动 PCA 计数器计数
}
```

电机转速通过对 PWM 波的占空比进行调节来实现控制,实验中采用供电电压为 12 V 的 EG - 530 电机,其额定转速为 2 000~4 000 r/min。由实验可测试转速 S 与控制电压 U 的关系为 $U＝0.001 85S＋0.296$。占空比 $D＝1－[(CCAP0H｜CCAP0L)/(CH｜CL)]$,则电压 $U＝D×12$ V。由此可进一步推导出转速与 PCA 模块的比较值为 $CCAP0H＝CCAP0L＝0.038 85S＋6.216$。所以,通过设置比较值寄存器 CCAP0H｜CCAP0L 即可实现对转速的调节,其程序代码如下:

```
/ ********************************************************
函数名称:void PWM_Set_Process(unsigned char Set_Speed,bit flag )
输入参数:Set_Speed,范围 100~4000;flag = 0 正转(P16 = 1;P17 = 0),
        flag = 1 反转(P16 = 0;P17 = 1)
输出参数:无
说    明:电机转速采用 PID 调节
******************************************************** /
void PWM_Set_Process(unsigned char Set_Speed,bit flag )
```

```
{
    unsigned char i,Xout;
    if(flag == 0)                                    //正转
    {
        P16 = 1;
        P17 = 0;
    }
    else                                             //反转
    {
        P16 = 0;
        P17 = 1;
    }
    CCAP0L = 250 - (0.03885 * Set_Speed + 6.216);    //设定 PWM 的脉冲宽度
    CCAP0H = 250 - (0.03885 * Set_Speed + 6.216);    //与 CCAP0L 相同,保存 PWM 的脉冲
                                                     //宽度参数
    for(i = 0;i < 10;i ++ )                          //5 度范围内 PID 增量控制,10 次周
                                                     //期即 PID 积分式中的 T = 10
    {
        Xout = PID_realize(DM_Speed);                // PID 增量输出
        CCAP0L = 250 - Xout;
        CCAP0H = 250 - Xout;
    }                                                //PID 增量输出范围(0~250)配合 PWM 取值范围
        if(Xout >= 250) Xout = 250;                  //保证 PWM 的输入值为 10~250 以防止 PWM
                                                     //出现失调
        if(Xout <= 10) Xout = 10;
        CCAP0L = 250 - Xout;
        CCAP0H = 250 - Xout;
    }
}
```

3. 电机转速测定程序设计

电机的转速测定是通过 PCA 模块 1 的捕获功能测量槽型光耦输出端信号的频率,进而转换成电机的旋转速度来实现的。旋转码盘采用开两孔的码盘,也即转一周给出 4 个脉冲,则转速 $S = 60f/4$ (f 为脉冲频率)。将 PCA 模块 1 配置成中断模式。电机转速测定初始化程序代码如下:

```
/ *********************************************************
函数名称:void CCP_Init()
输入参数:无
输出参数:无
说    明:将 PCA 模块 1 用作捕获功能,测量电机转速
```

```
    *********************************************************** /
void CCP_Init()
{
    CMOD = 0x00;            //PCA 计数,计数时钟为 Fosc/12,关闭计数器溢出中断 CF
    CCON = 0x00;            //PCA 控制寄存器初始化
    CCAPM1 = 0x11;          //PCA 模块 1 为 16 位下降沿捕获模式,且产生捕获中断
    CCAP1L = 0x00;          //清零
    CCAP1H = 0x00;
    CL = 0x06;              //PCA 计数器清零
    CH = 0x06;
    EA = 1;
    CR = 1;                 //启动 PCA 计数器计数
}
```

在中断服务程序中测量槽型光耦输出端信号的频率,并将频率转换为转速,程序代码如下:

```
/ ***********************************************************
函数名称:void PCA_Int(void) interrupt 7
输入参数:无
输出参数:无
说    明:PCA 的 CCP 中断,用于电机转速测量
    *********************************************************** /
void PCA_Int(void) interrupt 7
{
    if (CCF1)                             //PCA 模块 1 中断
    {
        CCF1 = 0;                         //清除 CCF 中断标志
        if(Last_Cap == 0)                 //说明是第一个边沿
        {
            Last_Cap = CCAP1H;            //获得捕获数据的高 8 位
            Last_Cap = (Last_Cap << 8) + CCAP1L - 6;
        }
        else                              //说明是第二个边沿
        {
            CCF1 = 0;   //清除 CCF 中断标志
            New_Cap = CCAP1H;             //获得捕获数据的高 8 位
            New_Cap = (New_Cap << 8) + CCAP1L - 6;
            g_Period = New_Cap - Last_Cap; //计数值单位为 μs
            DM_Speed = (long)1536000 / g_Period/2;   //计算得到转速
            Last_Cap = 0;                 //为下一次捕获设定初始条件
            CCAP1L = 0x06;                //清零
```

```
        CCAP1H = 0x06;
        CL = 0x00;                  //PCA 计数器清零
        CH = 0x00;
    }
  }
}
```

4. 其他程序设计

该项目的程序还包括转速显示程序、串口通信程序,这些程序的源代码与前面章节的程序一样,此处不再详述。主程序代码如下:

```c
# include "STC8G.H"               //包含 STC8G 的寄存器的定义文件
# include <stdio.h>
# include <stdlib.h>
# include "uart.h"
# include "led.h"
# include "pid.h"
unsigned int sysclk = 6000000;    //系统时钟为 6 MHz
unsigned int Last_Cap = 0;        //上一次捕获数据
unsigned int New_Cap = 0;         //本次捕获数据
unsigned int g_Period = 0;        //保存周期的变量 = 两次捕获数据之差
unsigned int g_Freq = 0;          //保存频率的变量
unsigned long DM_Speed;           //用于显示的频率变量(电机的实际转速)
unsigned char Set_Speed = 125;    //电机的设置转速
extern unsigned char RecBuf;      //串口接收暂存器
void main(void)
{
    unsigned char disbuf[20];
    PWM_Init();
    PID_init();
    CCP_Init();
    UartInit();
    CCAP0L = 120;
    CCAP0H = 120;
    P17 = 1; P16 = 0;             //P17 = 1,P16 = 0 时反转;P17 = 0,P16 = 1 时正转
    while(1)
    {
        display(0,DM_Speed/1000,0);
        display(1,DM_Speed % 1000/100,0);
        display(2,DM_Speed % 1000 % 100/10,0);
        display(3,DM_Speed % 1000 % 100 % 10,0);
        if(! RecBuf)
        {
            PWM_Set_Process(RecBuf,0);
            RecBuf = 0x00;
```

```
        }
    }
}
```

本章小结

单片机应用系统的开发流程包括需求分析、概要设计、详细设计和系统测试 4 个环节。在应用系统设计过程中要考虑单片机稳定可靠地运行和抗干扰。抗干扰技术包括硬件抗干扰和软件抗干扰。为了提高对数据的采集和设备的精确控制，通常在软件系统中用到一些数字滤波算法，如程序判断滤波算法、中位值平均滤波算法等。单片机应用系统的组成包括硬件和软件，其中硬件由单片机和外围电路组成，软件一般有应用软件或实时操作系统。

本章习题

一、填空题

1. 单片机应用系统开发的流程是_____。

2. 单片机应用中常用的软件抗干扰方法有_____。

3. 单片机应用系统通常由_____组成。

二、选择题

1. 在电路印制设计过程中，地线的设计一般需要_____。

A. 加宽　　　　　B. 变窄　　　　　C. 走平行线　　　　　D. 均可

2. 无源滤波器是由_____元件组成的。

A. R、L、C　　　　B. R、C　　　　　C. R、L　　　　　D. L、C

3. 软件"看门狗"抗干扰技术通常是用_____实现的。

A. 定时器　　　　B. 串行口　　　　C. A/D　　　　　D. 不确定

三、判断题

1. 单片机应用系统是由硬件和软件组成的。（　　　）

2. 51 单片机中的指令冗余抗干扰技术是通过在多字节指令中插入 NOP 指令实现的。（　　　）

四、简答题

1. 简述单片机应用系统的开发流程。

2. 简述单片机应用系统的组成。

参考文献

[1] 张毅刚.单片机原理及接口技术[M].3版.北京:人民邮电出版社,2022.

[2] 丁向荣.单片微机原理与接口技术——基于STC15系列单片机[M].2版.北京:电子工业出版社,2018.

[3] 宏晶科技.STC8G系列单片机技术参考手册[Z].2021.

[4] 屈召贵.嵌入式系统原理及应用——基于Cortex - M3和 μ COS II[M].成都:电子科技大学出版社,2011.

[5] 张毅刚.单片机原理及应用[M].4版.北京:高等教育出版社,2021.

[6] 谢维成,杨加国,董秀成.单片机原理与应用及C51程序设计[M].4版.北京:清华大学出版社,2019.

[7] 李学海.易学好用经典PIC单片机——PIC16F84A轻松入门与实战[M].北京:清华大学出版社,2018.

[8] 何宾.STC8系列单片机开发指南[M].北京:电子工业出版社,2018.

[9] 李朝青.单片机原理及接口技术[M].5版.北京:北京航空航天大学出版社,2017.

[10] 李素娟,蒋维安.直流电机PWM调速系统中控制电压非线性研究[J].现代电子技术,2010,33(22).

[11] 屈召贵.关于单片机硬件结构的教学探讨[J].当代教育实践与教学研究,2016(1).

[12] 林立,张俊亮.单片机原理及应用——基于Proteus和Keil C[M].4版.北京:电子工业出版社,2018.

[13] 王川北,刘强,屈召贵.深入浅出USB系统开发——基于ARM Cortex - M3[M].北京:北京航空航天大学出版社,2012.